创意望远镜

看任何事物都更大更远
see everything 10 times bigger

远达7x30
专业玩家的青睐和推荐
美国军用标准测试，傲视群雄的王者！
259.00¥
立刻订购

字体的搭配与布局

95折本本 专区

收到货后72小时内确认，50字好评加全五分，返现20元

7天免费试机 | 95折优惠 | 主机半年保修（电源电池除外）

点击抢购

生活家居

八月
十五

美容护肤

桑枝导入技术 清透肌肤原动力

完美容颜 以净为本

有机弱酸质 温和清肤不紧绷

Mulberry Pure
Hydra White

数码设备

Seagate

Satellite 睿星
500G移动硬盘

据线　　　车载充电器　　　支持ipad
　　　　　25小时待机　　　5小时连续播放

9.00

立刻购买 ▶

数码产品

droid

智能手机 领航品牌——

18:52

电器专场

婴儿电动理发器
BABY ELECTRIC HAIR CLIPPER

超静音防水

超静音-低震感设计
国际IPX-7级防水设计
不伤头皮不夹头发
1小时快充
全国两年免费保修

浪漫七夕

Dear my darling
我们为您准备浪漫……
浪漫七夕
Romantic tanabata
您准备好了吗?

Photoshop
网店装修设计

梁芳 编著

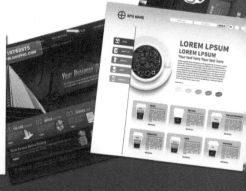

电子工业出版社.

Publishing House of Electronics Industry

北京·BEIJING

内容简介

这是一本非常值得学习的典型电商设计类书籍。本书内容主要包括电商宝贝拍摄技法、店铺页面配色方案、专业的电商设计排版布局、案例详解之模块不同、案例详解之工种有别，以及综合案例等6章。

本书以案例为主导，核心内容包括不同的电商广告设计案例等，案例制作简单、快捷，而且都是根据读者的学习习惯进行优化的，力求给读者带来最佳的学习体验。

本书案例均以电商广告设计案例中的基础操作为出发点，对需要达到的效果进行美工制作；在制作过程中，选择最为方便的途径，使用最少的时间和精力制作出最精美的案例效果。

本书配有DVD教学光盘，其中包含本书案例所需用到的素材图像和视频文件，以及案例的源文件，视频由多位设计师录制，读者可以结合本书及光盘中的内容进行学习。

图书在版编目（CIP）数据

Photoshop网店装修设计 / 梁芳编著 . –– 北京：电子工业出版社，2016.1

ISBN 978-7-121-27877-8

Ⅰ.①P… Ⅱ.①梁… Ⅲ.①图像处理软件－教材 Ⅳ.①TP391.41

中国版本图书馆CIP数据核字（2015）第304228号

责任编辑：田　蕾

特约编辑：刘红涛

印　　刷：北京虎彩文化传播有限公司

装　　订：北京虎彩文化传播有限公司

出版发行：电子工业出版社

　　　　　北京市海淀区万寿路173信箱　　邮编：100036

开　　本：787×1092　1/16　印张：20.5　字数：524.8千字　彩插：2

版　　次：2016年1月第1版

印　　次：2025年2月第9次印刷

定　　价：89.80元（含光盘1张）

凡所购买电子工业出版社图书有缺损问题，请向购买书店调换。若书店售缺，请与本社发行部联系，联系及邮购电话：（010）88254888。

质量投诉请发邮件至zlts@phei.com.cn，盗版侵权举报请发邮件至dbqq@phei.com.cn。

服务热线：（010）88258888。

前　言

本书共分6章。

第1章主要是对电商宝贝拍摄技法进行简单介绍，让读者了解一些基本知识，比如好照片如何布光、构图的运用、恰到好处的背景等，可以使读者在学习中明确方向、把握重点。

第2章主要是对店铺页面配色方案进行讲解，通过表里如一的网店风格、页面整体布局与创意分析、网店配色误区等内容的讲解使读者更加了解相关知识，用图文并茂的方式对相关内容进行加深和巩固。

第3章主要讲解专业的电商设计排版布局，主要对店铺首页的布局、店铺首页的样式美化等设计案例进行讲解，使读者在实际操作中的应用更加灵活。

第4章主要讲解案例详解之模块不同，用店铺收藏、宝贝分类、游动浮标、淘宝直通车、海报宣传、店标设计、产品主图、产品拼接图、宝贝描述面板、图片轮播促销广告、图文并茂的店招等不同模块的精美案例，向读者展示电商广告设计的相关内容。

第5章主要讲解案例详解之工种有别，主要对文字、插图、抠图、去瑕疵、色彩、合成等6个不同工种的精美案例进行讲解。

第6章主要是综合案例的制作，用甜美主义女装、新时尚绿植馆、精美饰品店、家居生活馆、彩妆护肤店、户外用品之家、母婴用品店等7个大的综合案例向读者展示最快速的制作方法，争取使用最简单的方法制作出最精彩的案例效果。

本书配有DVD教学光盘，其中包含本书案例所需用到的素材图像和视频教学文件，以及所有案例的源文件，光盘由多位设计师录制，读者可结合本书和光盘中的内容来进行学习。

本书由梁芳编著，参与编写的人员有钱政华、张彩霞、赵佳佳、蔡晋、窦项东、肖剑波、葛银川、王爱玲、胡志刚、郭西雅、乔现玲、陈艳利、范景泽、关敬等。由于时间仓促，作者水平有限，书中难免出现不足和疏漏之处，还望广大读者朋友批评指正。

CONTENTS

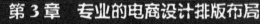

第3章 专业的电商设计排版布局

第4章 案例详解之模块不同

第 5 章　案例详解之工种有别

第 6 章 综合案例

第 1 章

电商宝贝拍摄技法

　　怎样把宝贝真实、清晰地呈现在买家面前，是电商必须掌握的一项基本技能。这虽然不需要体现照片的艺术价值和较高的审美品位，但是精彩的宝贝照片无疑会为商品增色不少。

1.1 好照片如何布光

拍摄淘宝宝贝，布光的选择是一门大学问。到底哪种布光方式最好？怎样既能省钱，又可以达到想要的拍摄效果？本节将教给大家拍摄淘宝宝贝时的布光技巧。

1.1.1 拍摄吸光体

吸光体产品包括毛皮、衣服、布料、食品、水果、粗陶、橡胶、亚光塑料等。它们的表面通常是不光滑的（相对反光体和透明体而言），因此对光的反射比较稳定，即物体固有色比较稳定、统一，而且这些产品本身的视觉层次通常比较丰富。为了再现吸光体表面的层次质感，布光的灯位要以侧光、顺光、侧顺光为主，而且光比较小，这样可以使其层次和色彩表现得都更加丰富。

比如，布料是吸光体，侧面方向的硬光较能表现布料的质感。

食品是比较典型的吸光体。食品质感的表现总是和它的色、香、味等各种感觉联系起来的，一定要让人们感受到食品的新鲜、口感、富于营养等，唤起人们的食欲。

右图在蔓越莓饼干的上方和右侧加了两盏柔光灯，所以画面中食物的质感表现得非常细腻，而且表面的层次也很丰富。

右图则在番石榴的正前方打了一盏柔光灯，这种顺光的表现使表面颜色更加鲜亮，对番石榴表面细微的皱感的肌理表现得非常到位。

1.1.2 拍摄反光体

反光体是一些表面光滑的金属或是没有花纹的瓷器。要表现它们表面的光滑，就不能使一个立体面中出现多个不统一的光斑或黑斑，因此最好的方法就是采用大面积照射的光或利用反光板照明，光源的面积越大越好。

在很多情况下，反射在反光物体上的白色线条可能是不均匀的，但渐变必须是保持统一性的，这样才显得真实。如果表面光亮的反光体上出现高光，则可以通过很弱的直射光源获得。

右图中，为了使不锈钢餐具朝上方的一面受光均匀，保证刀叉上没有耀斑和黑斑，用两层硫酸纸制作了柔光箱罩在主体物上，并且用大面积柔光光源（八角灯罩的闪光）打在柔光箱的上方，使其色调更加丰富，从而表现出其质感。

如果直接裸露闪光灯光源，并且不用柔光箱，那么直射光就会显得硬，而硬光方向性非常强，所以光的形状、大小就会直接反射在刀叉上，形成明显的光斑，也就因此失去了物体的质感。

如果不是为了特殊的反光效果，拍摄反光体时通常选择柔光，柔光可以更好地表现反光体的质感。还要注意灯是有光源点的，所以必须尽量隐藏明显的光源点在反光体上的表现。一般通过加灯罩并在灯罩里加柔光布的方式来隐藏光源点。

为反光体布光最关键的就是反光效果的处理，所以在实际拍摄中一般使用黑色或白色卡纸来反光，特别是为柱状体或球体等立体面不明显的反光体布光时。

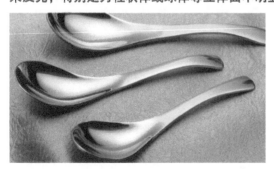

为了表现画面的视觉效果，不仅可以用黑色和白色卡纸，还可以利用不同反光率的灰色卡纸来反射，这样既可以把握反光体的本质特性，又可以控制不同的反光层次，以增强作品美感。

1.1.3 拍摄透明体

透明体，顾名思义，是指具有一种通透的质感表现，而且表面非常光滑。由于光线能穿透透明体本身，所以一般选择逆光、侧逆光等。光质偏硬，可以使其产生玲珑剔透的艺术效果，体现质感。透明体大多是酒、水等液体或者是玻璃制品。

拍摄透明体很重要的是体现主体的通透程度。在布光时，一般采用透射光照明，常用逆光位，光源可以穿透透明体，在不同质感的透明体上形成不同的亮度，有时为了加强透明体的形体造型，并使其与高亮逆光的背景剥离，可以在透明体左侧、右侧和上方加黑色卡纸来勾勒造型线条。

表现黑色背景下的透明体，要将被摄体与背景分离，可在两侧采用柔光灯，不但可以将主体与背景分离，也可以使其质感更加丰富。如在顶部加一个灯箱，就能表现出物体上半部分的轮廓，透明体在黑色背景里显得格外精致、剔透。

下图就是利用逆光形成了明亮的背景，用黑色卡纸对玻璃体的轮廓线加以修饰，用不同明暗的线条和块面来增强玻璃体造型和质感的表现。使用逆光拍摄时应该注意，不能使光源出现，一般选择用柔光纸来遮住光源。

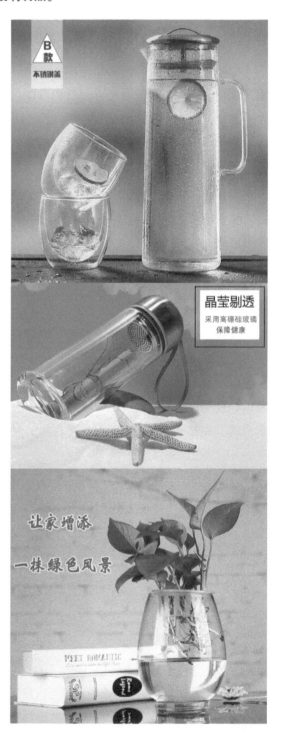

1.2 构图的运用

拍照要有一定的格式和规律，掌握好基本构图的运用方式后，才可以破格和创新，但是在打破陈规之前，必须先要了解陈规，才有可能在此基础上真正做到突破和创新。

1. 黄金分割法

如右图所示，黄金分割法构图画面的长宽比例通常为 1:0.618，按此比例设计的造型十分美丽，因此被称为黄金分割，该比例也称黄金比例。

日常生活中有很多东西都采用这个比例，如书报、杂志、箱子、盒子等。

我们把黄金分割法的概念略为引伸，0.618 所在之处是放置拍摄主体最佳的位置，以此形成视觉的重心。

右图所示的照片，黄金分割线是竖向的，因此画面为左右结构。

2. 三分法

所谓的三分法，其实就是从黄金分割法引伸出来的，用两横、两竖的线条把画面均分为九等份，也称"九宫格"，中间 4 个交点成为视线的重点，也是构图时放置主体的最佳位置。

这种构图方式并非要求我们必须占据画面的 4 个视线交点，在这种 1 : 2 的画面比例中，主体占据 1 ~ 4 个交点都可以，但是画面的疏密会有所不同。

右侧示例中展示服装的图片，上身占据了右边的两个交点，前臂和大腿占据了左边的两个交点，是典型的 4 点全占的三分法构图方式。

3. 均分法

为了在视觉上突出主体，常常将主体放在画面的中间，左右基本对称，因为很多人喜欢把视平线放在中间，上下空间的比例大体均分。如下方图例所示，这 3 张图片使用的都是均分法构图，主体都在画面的正中，但是为了防止画面显得过于呆板，往往在对称之中略有偏移。

女装照片里模特的脸部被裁掉了一半，这样在身材比例上就更加突出了腿部的长度，但是视觉的重点依然在模特裙子的花纹上。

羽绒背心的照片中翻起来的棉帽子占据了衣服长度的 1/3，这种比例在视觉上加强了稳定性，因此也能取得较好的视觉效果。

及膝女靴的照片在构图时，模特两腿呈倒 V 字造型，肤色与黑色的靴子在颜色上形成深浅对比，保障了稳定性和视觉重点。

4. 疏密相间法

当我们需要在一个画面中摆放多个物体进行拍摄时，取景的时候最好让它们错落有致，疏密相间。

如下面示例所展示的两张图片，多件物体的前后左右布局就比一字排开自然和美观得多，其中，有些被拍摄物体适当地相连或交错，往往会让画面显得更加紧凑，主次分明。

众所周知，在篆刻中，有"疏可走马，密不透风"的经典布局方法，借用到淘宝商品的拍摄中也非常容易出效果。

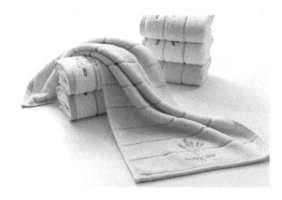

1.3　恰到好处的背景

商品一年四季都要拍，没有变化显得太单一，有了变化怕效果不好。用于商品拍摄的背景有很多种，但也经常让摄影师不知如何选择，下面我们一起学习一些有代表性的例子。

1.3.1 纯色背景

所谓纯色背景，意思就是单一颜色的背景，大致可分为白、灰、暖黄、彩色系列。

（1）白色系列

白色是淘宝店铺用得最普遍的背景颜色，一卷白纸或是一幕白墙，便可以操作。白色背景适合各种颜色的服装演绎，根据打光亮度的不同和打光方向的不同，还能形成多种风格和效果。需要注意的是宝贝的质感展现和色差问题。

①全白无影。

光是从背后侧边底下打来的，所以看不见影子，画面干净、利落、清爽。这种背景对于后期的调色要求比较高，需要与产品实物对比调整。

②全白有影，模糊人像。

光从侧面打来，形成一个模糊的人像，有立体感。适合近距离的白色画纸，如果用有弧度的白墙作为背景，也需靠近墙根，模特尽量不要有靠墙的动作。原创舒适类的衣服用这种方式拍摄较多，尽显衣服的天然无公害质地。

③全白有影，清晰人像。

这种方式需要较亮的光度，模特必须紧靠墙壁，且越近越好，适合夏装——能体现身形轮廓的衣服。

④全白有影，双重人像。

如此拍摄，背影一深一浅，非常灵动，跟活泼新潮的春夏装很登对。这种拍摄有一定难度，拍好了，事半功倍，拍不好，事倍功半。

（2）灰色系列

灰色也是拍摄时常用的背景色之一。灰色能够营造比较好的空间感和立体感，对衣服面料质感的表现很有帮助。同样，不同的光影可以塑造不同的效果。

①浅灰空间。

画面中类似于浅灰色的背景，其实是利用弧度白墙的空间感形成的，模特站在离墙约5米远的地方进行拍摄，自然白由于光感形成了自然灰。

②银灰斜影。

淡灰色的背景纸，或是白墙利用不同光感形成的灰色，前方或侧方再加一盏灯，模特离背景近，可以出现不同风格的影子。

③立体中灰。

中高端服装用得最多的背景色，能非常好地展现衣服质感，有利于卖出高价。

④质感深灰。

适合色彩浓厚、气场强大、高级定制面料的衣服，拍摄搭配及打灯位置都需要前期做好非常充分的准备。

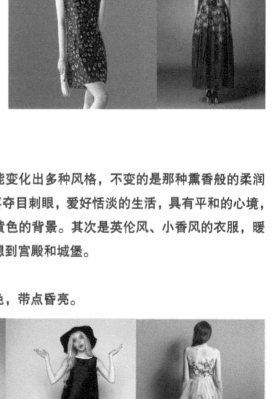

（3）暖黄系列。

暖黄背景根据光照和色彩深浅的不同，也能变化出多种风格，不变的是那种熏香般的柔润与温和人心。年长的人避开了尘世的锋芒，不喜夺目刺眼，爱好恬淡的生活，具有平和的心境，所以中老年女装和女裤类目，几乎都会使用米黄色的背景。其次是英伦风、小香风的衣服，暖黄色也是具有代表性的背景色，甚至能让人联想到宫殿和城堡。

①晨光黄。

有如晨昏微亮的天光，带点灰色，带点米色，带点昏亮。

②香橙黄。

适合非常具有个性和玩味的品牌，年轻的衣服，配上香橙黄的背景，活力十足。

③欧米黄。

米黄色的背景最具欧洲风范，应用广泛，同时也能很好地衬出衣服。

④柔土黄。

很少见也很需要大胆才会去尝试的黄色背景，当然效果也是意想不到的。

⑤深土黄。

和深灰背景一样，是高价款的常用背景之一，与灰色相比，土黄不容易把衣服融掉，更容易把控。

（4）彩色系列

彩色背景多种多样，主要看店铺的风格和拍摄团队的创造力。只要你的创意够独特，什么稀奇古怪的颜色都可以一试，绝对惊艳。

下面列举部分个性的例子。

①孔雀绿。

五彩斑斓，背景鲜艳，有可识别性。需要注意的是，鲜艳的颜色要格外注重色彩搭配，不仅要做好服装与服装、服装与配饰的搭配，还要看服装颜色与背景色是否协调。

②酒红色。

酒红色的背景，适宜搭配浓郁艳丽的衣服，不适合棉麻类和小清新风格的衣服。

③墨绿色。

大胆前卫的背景非同一般，也能展现给大家非同凡响的视觉效果。

其他还有很多颜色，大家可以展开想象。

1.3.2 墙体背景

墙体效果就是说看起来像真的墙，如各种墙纸纹理、花色效果，当然也包括真的墙。

（1）砖墙真墙

砖墙有青砖和红砖两种类型，水泥砖暂且归为不太雅观之列，就不做介绍了。

①青砖墙。代表：印画读你女装。古镇青砖石板路，非常适合民族风服装。

②红砖墙。比较多见的是圣诞系列，加点雪，加点礼物，再摆放一棵圣诞树，气氛不错。

（2）室内装潢墙体

此类墙体具有别样的浮雕质感。

（3）墙纸

世界上有多少种墙纸，就有多少种背景。注意，与纯背景纸的彩色系列相似，要注重配色和搭配。

（4）布面

朴素的布面背景，配上模特意犹未尽的神情动作，更能衬托自然的材质，风格醒目。

1.3.3 小场景背景

通常为了使室内背景不显得那么单调，会用到小场景，如精致家具的点缀、花饰的布置等。小场景用得好，可以让海报和页面充满吸引力，实景效果令人垂涎。

（1）精致家具点缀

拍摄高端材质的店铺，场景自然应富丽堂皇、奢华雍容，才能衬托得出衣服的超高价位。

（2）花饰的布置

简单的花朵搭配，可以显示出女人的高贵优雅，花样的柔美芬芳，也彰显了一种生活情调与品质，是对衣服极好的衬托。

第 2 章

店铺页面配色方案

　　制定配色方案主要有两种方式，一是通过色彩的色相、明度、纯度的对比来控制视觉刺激，达到配色的效果；另一种是通过心理层面感观传达，间接性地改变颜色，从而达到配色的效果。

2.1 表里如一的网店风格

网店风格是指网店界面给访客的直观感受，说通俗一点就是个性。就像一个人，喜欢什么样的发型、装扮，都在向别人传递着复杂的信息，这些信息会给人留下或好或坏的印象。

2.1.1 统一的外观

对于淘宝页面的视觉效果，有不少人以为页面越花哨就越好看，这其实是一个误区，过于花哨的页面只会让访客觉得过于混乱。所以，网店的整体颜色，一定要给人统一协调的感觉。

当然，统一的外观，并不是说只能用一种颜色，而是指主色调只有一种，在此基础上搭配一些其他颜色。

如右侧图例中的网店所示，主色调是红色，物品图片及一些文字搭配其他颜色，点缀其间，使得整个页面看起来既统一，又不会太过古板。

另外，统一的外观不仅仅指某一个页面，而是包括整个网店的所有页面。否则如果每个页面风格差异太大，顾客从一个页面进入另一个页面时，很容易产生进入了不同网店的错觉。

当然，除了色彩的统一，其他元素如店招、导航菜单等，也要统一。

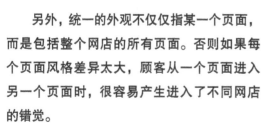

2.1.2 统一色彩搭配的具体方法

明白了外观统一的重要性，那么色彩统一具体要怎么做呢？色彩搭配总的应用原则应该是"总体协调，局部对比"，也就是说，页面的整体色彩效果应该是和谐的，只有局部的、小范围的地方可以有一些强烈的色彩对比。

下面介绍一些常用方法。

（1）单一色彩页面

选择单一色彩，并不表示就毫无变化，可以通过调整透明度或者饱和度，使得单一的色彩也深浅有别。

如右侧的这个网店，主色调（即在画布中占据的面积最大，具有主导作用的色彩）是蓝色，边框及物品图片上则应用了浅蓝色、深蓝色等，使得整个页面看起来色彩统一，又有层次感。

（2）两种色彩对比

先选定一种色彩，然后选择它的对比色，这个对比色就是第二种颜色。一般来说色彩的对比强，看起来就有诱惑力，能够起到集中视线的作用。

右侧的这个网店页面，采用了红色和绿色的对比，属于最强烈的色相对比，令人感受到一种极强烈的色彩冲突，从而产生深刻的印象。

（3）使用邻近色彩搭配

邻近色彩既不属于同一色彩，但是又非常接近，在色相环上是角度较小的一系列色彩，它的效果与单一色彩相似，但是要丰富得多。

总之，在配色过程中，无论使用几种颜色来组合，首先都要考虑用什么颜色作为主色调，如果各种颜色面积平均分配，色彩之间互相排斥，就会显得凌乱。

2.2 页面整体布局与创意分析

如何确定网店的主色调？如何设计配色？这些需要根据所售产品的客户群体来确定，也可以根据产品特点来确定。

2.2.1 包包网店

（1）网店首页上部

我们看看右侧图例中这家包包店铺，它的装修风格唯美精致。

由于店铺首页内容比较丰富，截图特别长，因此我们分为上部和下部两张截图。

这里先对店铺首页的上半部分进行分析，上半部分是店铺非常重要的部分，主要有店铺导航、客服中心、本店搜索、宝贝推荐、商品分类栏目、旺旺联系方式等板块。

（2）网店首页下部

店铺首页的下半部分，显示了推广的商品、宝贝排行榜、宝贝分类，大量标示了价格的图片展示排列井然有序，让买家一目了然，有想打开一探究竟的欲望，大大提高了商品的交易量。

很多优秀的店铺除了左侧的店铺导航外，在店铺首页的下部还放置了其他的店铺导航图。当买家通过上面的三屏都没进去的话，只能说他对这几款产品和你的活动都不感兴趣了，那么下面他就要选择自己喜欢的模块了。这时候放置导航，是最好不过的了，可以有效分流。

制作导航要注意：①分类要清楚明确，还要以价格进行分类，如 30~60、60~90、90~120、120 以上的，因为每位买家的消费水平都不同，这样他们的选择更明确、更方便；②和店铺主题要统一协调。

设计店铺首页的核心是：站在买家的角度，思考如何使买家感觉视觉效果好，能在本店停留时间长，从而喜欢上宝贝。时间越长，成交越容易成功，此时，你的设计就达到效果了！

在店铺实力一定的情况下，不要轻易去模仿那些大卖家、客服团队，以及一些夸大的风格，那些并不适合所有店铺，做好力所能及的就可以了。

开淘宝店铺是一个持久的过程，只有不断学习、深造才有进步，才能胜利，不要羡慕大卖家们，我们也可以和他们一样，做具有自己风格的店铺。

（3）翻转图片推荐商品

整个店铺的划分比较有条理，在店铺的推荐商品展示中，采用翻转显示图片的方法，可以展示多个推荐商品，节省空间，如下左图所示。

（4）浮动分类菜单

在上面右侧的示例中，页面左侧有分类菜单，当单击某一类文字导航时，将显示出该类别下的商品分类，当不需要时也可以关闭弹出菜单，便于浏览者一进入页面就可以找到相关的商品类别，这样既便于买家随时查找商品类别，又节约了空间。

2.2.2 黄色系的配色方案

黄色是在页面配色中使用最为广泛的颜色之一，黄色和其他颜色配合具有活泼的特点，给人温暖感，具有快乐、希望、智慧和轻快的个性。因此会给人留下明亮、辉煌、灿烂、愉快、高贵、柔和的印象。

在黄色中加入少量的蓝，会使其转化为一种鲜嫩的绿色，给人一种趋于平和、潮润的感觉。

在黄色中加入少量的红色，其性格也会转化为一种有分寸感的热情、温暖。

在黄色中加入少量的黑色，其色性也变得成熟、随和。

在黄色中加入少量的白色，其性格中的冷漠、高傲被淡化，趋于含蓄，易于接近。

如果包包是面向女性的，网店配色风格要高雅、妖媚，营造这种氛围以高明度、低纯度的色彩最为合适，如橙黄色、粉色、淡绿色、米黄色、红色等。

2.3 网店配色误区

网店的装修对一个店铺的帮助非常大，越来越多的卖家也认识到了这一点。在装修的时候千万要注意颜色的运用及色彩搭配，不合理的搭配反而会造成负面影响。

2.3.1 背景和文字内容对比不强烈

人眼识别色彩的能力有一定的限度，由于色彩的同化作用，颜色与颜色之间对比强者易分辨，对比弱者难分辨。

背景与文字内容对比不强烈，就不能突出文字内容，灰暗的背景令人沮丧，但花纹繁复的图案作背景效果更差。

如右侧的网店页面，背景和文字颜色对比不强烈，容易让人看不清楚。

2.3.2 色彩过多

合理地使用色彩，可以使页面变得鲜艳、生动、富有活力。但色彩数量的增加并不能与页面的表现力成正比。

比如右侧示例中这个网店的页面，把尽可能多的色彩搬了上来，同一画布中色彩众多，多种色彩的同时使用令人眼花缭乱，使版面形成了复杂混乱的视觉效果，对买家理解、获取信息毫无帮助，反而可能带来负作用。

要有一种主色贯穿其中，主色不一定完全是面积最大的颜色，也可以是最重要、最能揭示和反映主题的颜色。不要将所有颜色都用到，尽量控制在 3~5 种色彩。

2.3.3 过分强调色彩的刺激度

在生活中我们看颜色时会感觉到某些颜色很刺眼，看起来容易让人感觉累。买家上网绝不希望对自己的视力有损害。因此，页面用色要尽量少用视疲劳度高的色调。

一般来说，高明度、高纯度的颜色刺激强度大，疲劳度也高。

在无彩色系中，白色的明度最高，明度最低的是黑色；在有彩色系中，最明亮的是黄色，最暗的是紫色。

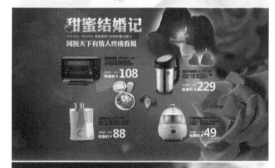

刺激强度大的色彩不宜大面积使用，出现频率也不宜过高。低明度的色彩疲劳度虽然小，但往往使人产生压抑感，也不赞成页面设计过于暗淡。比较理想的方法是多用柔和、明快的浅调暖色。

第 3 章
专业的电商设计排版布局

本章主要是关于电商设计排版布局的相关知识讲解，通过各个具体的案例使读者了解产品宣传页面的制作流程。

3.1 店铺首页的布局

本节我们主要讲解店铺首页布局的相关知识，通过鞋类、男装及女装等案例的设计制作来全面讲述店铺首页的制作流程及技巧。

3.1.1 店铺的布局设计

制作要点

　　"钢笔工具"的应用、图层样式的更改等。

案例文件

案例 \ 第 3 章 \3.1.1

难易程度：★★★☆☆

店铺的布局设计

　　本节以男士皮鞋为例进行简单的店铺布局设计的讲解。在制作过程中主要涉及背景的制作、装饰素材的添加和制作，以及文字效果的制作等，最终使读者对店铺的设计有初步的认识。

1. 制作背景

01 新建文档。执行"文件 > 新建"命令，在弹出的"新建"对话框中设置相关参数。新建一个空白文档。

02 背景素材的添加。执行"文件 > 打开"命令，在弹出的"打开"对话框中选中"背景 素材.png"文件，双击将其导入到文档中，并调整其在画布上的位置。

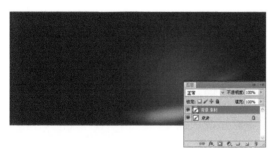

2. 装饰性素材的添加

01 产品素材的添加及投影。按照上述方式继续添加"产品 素材.png"，在"图层"面板中单击"添加图层样式"按钮，在弹出的下拉列表中选择"投影"选项，在弹出的"图层样式"对话框中对其参数进行设置后单击"确定"按钮。

02 光效素材的添加。按照上述方式继续添加"光效 素材.png"，效果如下图所示。

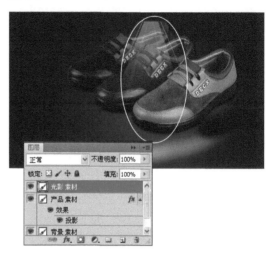

03 色块的制作。新建图层后将该图层命名为"色块"，单击工具箱中的"钢笔工具"按钮，绘制出下图所示的闭合路径。转换为选区后将"前景色"设置为深灰色，按下快捷键 Alt+Delete 进行填充即可。

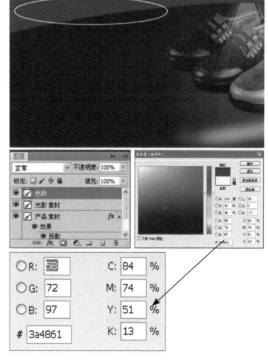

04 **色块 2 的制作。**按照上述方式继续制作"色块 2"，效果如下图所示。

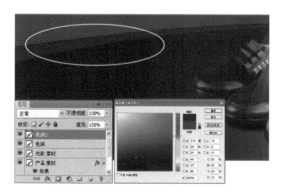

05 **圆形色块的制作。**新建图层后将该图层命名为"圆形色块"，单击工具箱中的"圆形选框工具"按钮，绘制圆形选区。将"前景色"设置为红色后按下快捷键 Alt+Delete 进行填充。

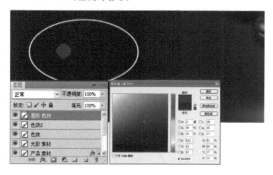

06 **矩形色块的制作。**新建图层后将该图层命名为"矩形色块"，单击工具箱中的"矩形选框工具"按钮，绘制矩形选区。将"前景色"设置为红色后按下快捷键 Alt+Delete 进行填充。

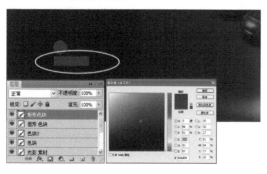

07 **圆形色块 2 的制作。**按照上述方式继续制作"圆形色块 2"，效果如下图所示。

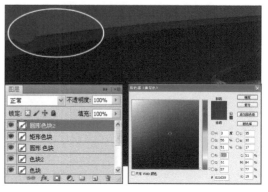

08 **文字素材的添加。**执行"文件 > 打开"命令，在弹出的"打开"对话框中选择中"文字 素材.png"文件，双击将其导入到文档中，并调整其在画布上的位置。

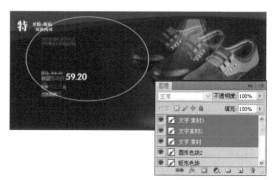

09 **文字效果的制作。**单击工具箱中的"文字工具"按钮，在画布中绘制文本框并输入对应的文字内容。执行"窗口 > 字符"命令，在弹出的"字符"面板中对其参数进行设置。

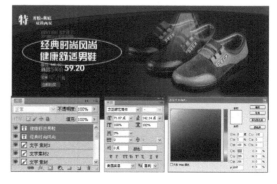

3.1.2 设计导航

制作要点

投影效果的模拟可作为该案例的要点。

案例文件

案例 \ 第 3 章 \3.1.2

难易程度：★ ★ ★ ★ ☆

设计导航

　　该案例是关于产品信息的导航设计，以麻纹材质的丝带为样式，通过各种形状色块的制作、虚线素材的添加及投影效果的模拟，最终使该产品信息导航栏呈现出了较为逼真的丝带效果。

1. 制作背景

　　新建文档。执行"文件 > 新建"命令（快捷键 Ctrl+N），在弹出的"新建"对话框中设置相关参数。

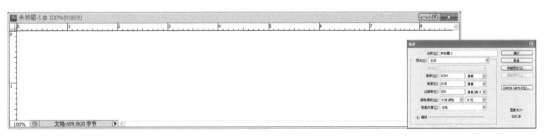

2. 装饰性素材的添加

01 **制作三角形色块**。新建图层后用"钢笔工具"绘制出三角形闭合路径，转换为选区后将"前景色"设置为灰色，按下快捷键 Alt+Delete 进行填充。

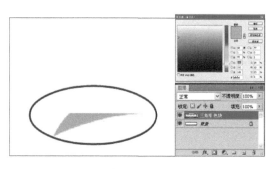

02 **复制三角形色块**。复制"三角形色块"图层后，通过水平翻转的方式对其进行方向调整，并将其放置在页面的右下角。

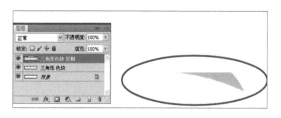

03 **燕尾色块的制作**。新建图层后用"钢笔工具"绘制出燕尾形状的闭合路径，转换为选区后将"前景色"设置为黑色，按下快捷键 Alt+Delete 进行填充。

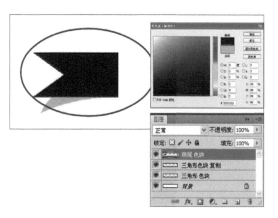

04 **投影效果的添加**。在"图层"面板中单击"添加图层样式"按钮，在弹出的下拉列表中选择"投影"选项，在弹出的"图层样式"对话框中对其参数进行设置后单击"确定"按钮。

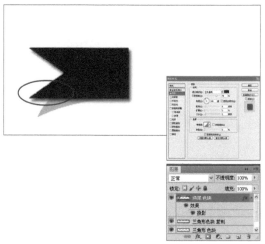

05 **布料素材的添加**。执行"文件 > 打开"命令，在弹出的"打开"对话框中选择"布料 素材.png"文件，双击将其导入到文档中，并调整其在画布上的位置，然后通过创建剪贴蒙版的方式将素材置入目标图层中。

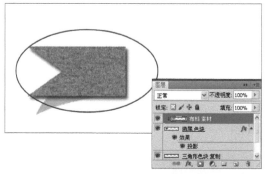

06 **虚线素材的添加**。按照上述方式继续进行虚线素材的添加，并将该图层的"不透明度"值调整为 74%，再通过创建剪贴蒙版的方式将素材置入目标图层中。

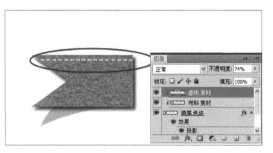

07 **继续添加虚线素材**。继续进行上述操作，为燕尾色块的底部添加虚线素材。效果如下图所示。

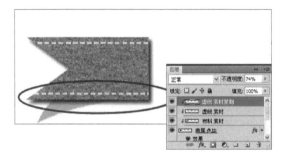

08 **渐变效果的制作**。新建图层后单击工具箱中的"渐变工具"按钮，在属性栏中单击"点按可编辑渐变"按钮，在弹出的"渐变编辑器"对话框中设置相关参数，对图像进行渐变处理。将该图层的"不透明度"值调整为 27%，并将渐变图层置入到目标图层中。

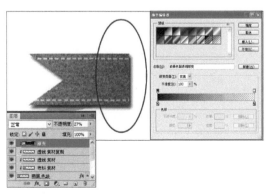

09 **复制燕尾部分**。复制整体的燕尾部分，通过水平翻转的方式对其方向进行调整，并将其放置在页面的右下角。效果如下图所示。

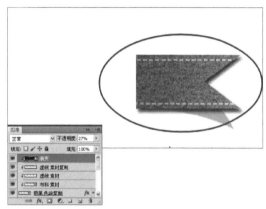

10 **三角形色块 2 的制作**。新建图层后用"钢笔工具"绘制出三角形闭合路径，转换为选区后将"前景色"设置为灰色，按下快捷键 Alt+Delete 进行填充。

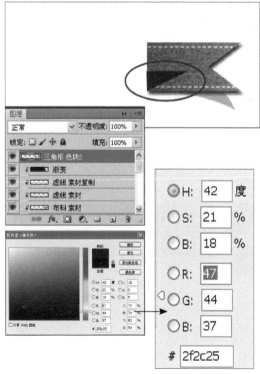

11 矩形色块的制作。新建图层后用"矩形选框工具"在画布中绘制出矩形选区，将"前景色"设置为黑色后按下快捷键 Alt+Delete 进行填充。

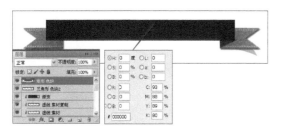

12 布料素材的添加。执行"文件 > 打开"命令，在弹出的"打开"对话框中选择中"布料 素材.png"文件，双击将其导入到文档中，并调整其在画布上的位置，并通过创建剪贴蒙版的方式将其置入到目标图层中。

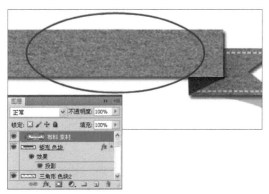

13 虚线素材的添加。按照上述方式添加虚线素材并将该图层的"不透明度"值调整为74%，再通过创建剪贴蒙版的方式将其置入到目标图层中。

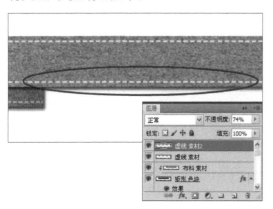

14 复制三角形色块 2。复制"三角形色块 2"图层，水平翻转后将其调整至画布的左侧。效果如下图所示。

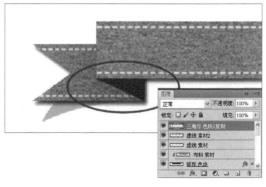

3. 文字效果的制作

01 英文效果。单击工具箱中的"文字工具"按钮，在画布中绘制文本框并输入对应的文字内容。执行"窗口 > 字符"命令，在弹出的"字符"面板中对其参数进行设置。

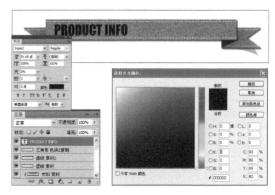

02 中文效果。按照上述方式继续进行文字效果的制作。效果如下图所示。

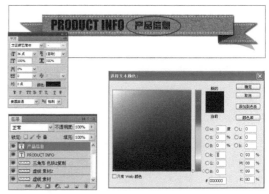

3.1.3 导航菜单

制作要点

渐变叠加效果的制作。

案例文件

案例 \ 第 3 章 \3.1.3

难易程度：★★★★☆

导航菜单

　　该案例是关于服装的导航菜单的设计。在制作过程中首先选择了浅蓝色为主色调，旨在突出该菜单的清新、明快。除此之外，主要应用到了各种色块的制作、图层样式的变换及文字效果的制作等。

1. 制作背景

01 **新建文档**。执行"文件 > 新建"命令（快捷键 Ctrl+N），在弹出的"新建"对话框中设置相关参数。

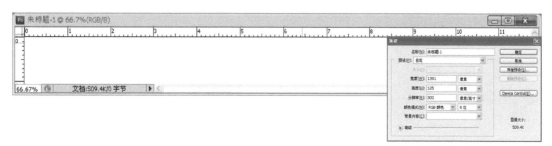

02 **纯色背景的制作。**新建图层后将"前景色"设置为绿色,按下快捷键 Alt+Delete 进行填充。

2. 装饰性素材的添加

01 **圆角矩形色块的制作。**新建图层后用"圆角矩形工具"勾勒出圆角矩形的闭合路径,转换为选区后将"前景色"设置为白色进行填充。

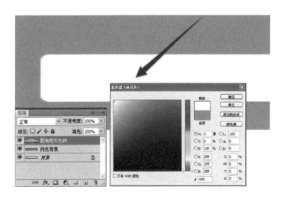

02 **投影效果的添加。**在"图层"面板中单击"添加图层样式"按钮,在弹出的下拉列表中选择"投影"选项,在弹出的"图层样式"对话框中对其参数进行设置后单击"确定"按钮。

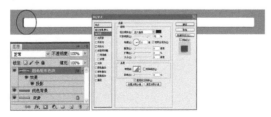

03 **矩形色块的制作。**新建图层后用"矩形选框工具"绘制选区,将"前景色"设置为蓝色后,按下快捷键 Alt+Delete 进行填充,再通过"移动工具"对其位置进行调整。

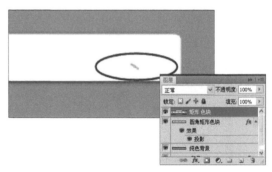

04 **圆形色块的制作。**新建图层后用"椭圆选框工具"绘制选区,将"前景色"设置为蓝色后,按下快捷键 Alt+Delete 进行填充。效果如下图所示。

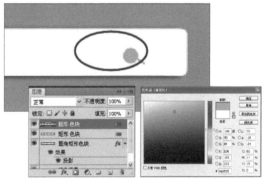

05 **继续制作圆形色块。**按照上述方式继续进行白色圆形色块的制作。效果如下图所示。

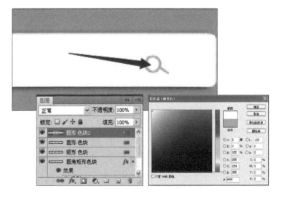

06 **色块的制作**。新建图层后用"钢笔工具"在画布中勾勒出下图所示的闭合路径，转换为选区后将"前景色"设置为红色进行填充。

07 **渐变叠加的应用**。在"图层"面板中单击"添加图层样式"按钮，在弹出的下拉列表中选择"渐变叠加"选项，在弹出的"图层样式"对话框中对其参数进行设置后单击"确定"按钮。

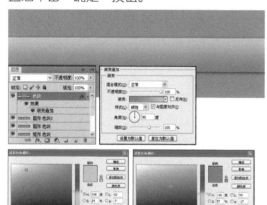

08 **曲线的调整**。单击"图层"面板下方"创建新的填充或者调整图层"按钮，在弹出的下拉列表中选择"曲线"选项，对其参数进行设置。

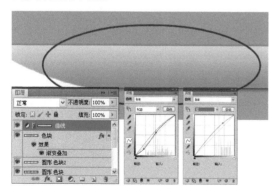

09 **圆角矩形色块 2 的制作**。新建图层后用"圆角矩形工具"勾勒出圆角矩形的闭合路径，转换为选区后将"前景色"设置为红色进行填充。

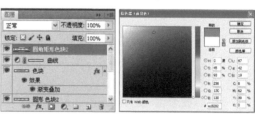

10 **投影及颜色叠加效果的添加**。在"图层"面板中单击"添加图层样式"按钮，在弹出的下拉列表中分别选择"投影"和"颜色叠加"选项，在弹出的"图层样式"对话框中对其参数进行设置后单击"确定"按钮。

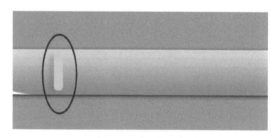

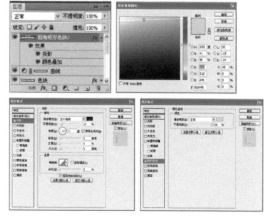

11 其他圆角矩形的制作。按照上述方式继续进行圆角矩形的制作，并通过添加图层样式的方式制作投影及颜色叠加的效果。效果如下图所示。

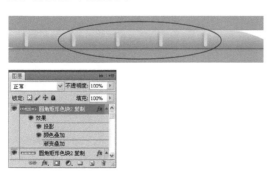

3. 文字效果的制作

01 "促销专区"文字。单击工具箱中的"文字工具"按钮，在画布中绘制文本框并输入对应的文字内容。执行"窗口 > 字符"命令，在弹出的"字符"面板中对其参数进行设置。

02 "更多"文字。按照上述方式继续进行文字效果的制作。效果如下图所示。

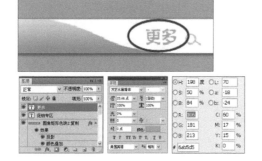

03 春装新款。按照上述方式继续进行文字效果的制作。效果如下图所示。

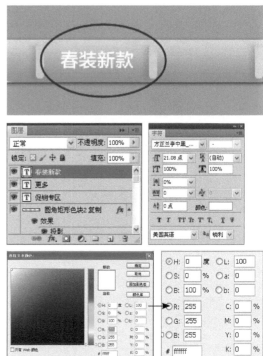

04 其他文字的制作。按照上述方式继续制作其他文字效果。

3.1.4 底部版权

制作要点

整体色调的确定，以及各个素材之间的
巧妙衔接。

案例文件

案例 \ 第 3 章 \3.1.4
难易程度：★★★★☆

底部版权

　　该案例是一则关于"双 12"的大型促销
宣传广告，在制作时将画面的主色调定为红
色，并通过各种装饰性素材的添加使整体色
调更加丰富，更有层次感。除此之外，在文
字的处理方面也着重表现出了该促销活动的
范围之广、力度之大。

1. 制作背景

01 **新建文档**。执行"文件 > 新建"命令
（快捷键 Ctrl+N），在弹出的"新建"
对话框中设置相关参数。

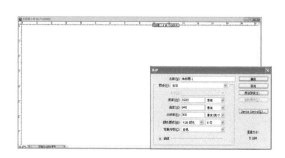

02 **纯色背景的制作。**新建图层后将"前景色"设置为红色，按下快捷键 Alt+Delete 进行填充。

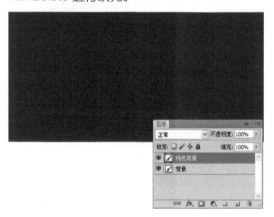

03 **文字素材的添加。**执行"文件 > 打开"命令，在弹出的"打开"对话框中选择中"文字 素材.png"文件，双击将其导入到文档中，并调整其在画布上的位置。

2. 装饰性素材的添加

01 **矩形色块的制作。**新建图层后用"矩形选框工具"在画布中绘制出矩形选区，将"前景色"设置为红色后按下快捷键 Alt+Delete 进行填充。

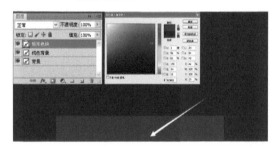

04 **复制矩形色块 2。**复制"矩形色块 2"图层，并将其调整至画布中的合适位置。效果如下图所示。

02 **矩形色块 2 的制作。**按照上述方式继续进行矩形色块 2 的制作。

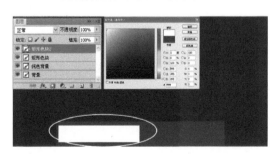

05 **文字素材 2 的添加。**执行"文件 > 打开"命令，在弹出的"打开"对话框中选择"文字 素材 2.png"文件，双击将其导入到文档中，并调整其在画布上的位置。

06 **底纹素材的添加。** 按照上述方式继续进行底纹素材的添加。效果如下图所示。

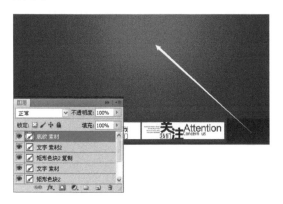

07 **高跟鞋素材。** 按照上述方式进行高跟鞋素材的添加，并在"图层"面板中单击"添加图层样式"按钮，在弹出的下拉列表中选择"投影"选项，在弹出的"图层样式"对话框中对其参数进行设置后单击"确定"按钮。

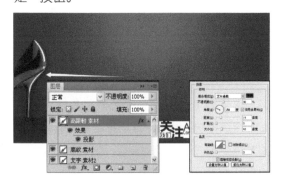

08 **星光素材的添加。** 执行"文件 > 打开"命令，在弹出的"打开"对话框中选择中"星光 素材.png"文件，双击将其导入到文档中，并调整其在画布上的位置。

09 **其他素材的添加。** 按照上述方式继续进行其他装饰性素材的添加。效果如下图所示。

3. 文字效果的制作

"折上折"等文字。 单击工具箱中的"文字工具"按钮，在画布中绘制文本框并输入对应的文字内容。执行"窗口 > 字符"命令，在弹出的"字符"面板中对其参数进行设置。

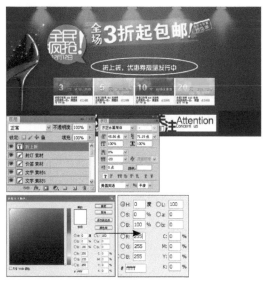

3.1.5 首页的合成

制作要点

色彩的搭配可以成为该案例的制作要点。

案例文件

案例 \ 第 3 章 \3.1.5

难易程度：★★★☆☆

首页的合成

　　该案例是一则关于牛仔裤的宣传广告。在制作过程中，通过深蓝色背景素材的添加，使其与主题产品相互映衬；再进行白色文字效果的制作，使整体画面更加简约、时尚。整个设计没有用到过多的色彩，但却将牛仔裤本身的质感与魅力展现得淋漓尽致。

1. 制作背景

01 **新建文档**。执行"文件 > 新建"命令（快捷键 Ctrl+N），在弹出的"新建"对话框中设置相关参数。

02 **背景素材的添加**。执行"文件 > 打开"命令，在弹出的"打开"对话框中选择中"背景 素材.png"文件，双击将其导入到文档中，并调整其在画布上的位置。

2. 装饰性素材的添加

01 **文字素材的添加**。按照上述方式继续进行文字素材的添加。

02 **矩形色块素材的添加**。按照上述方式继续进行矩形色块素材的添加。

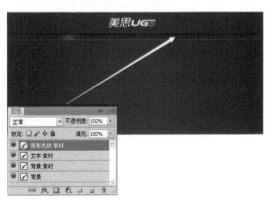

03 **投影效果的制作**。在"图层"面板中单击"添加图层样式"按钮，在弹出的下拉列表中选择"投影"选项，在弹出的"图层样式"对话框中对其参数进行设置后单击"确定"按钮。

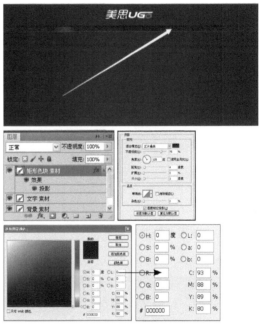

04 **牛仔裤素材的添加**。执行"文件 > 打开"命令，在弹出的"打开"对话框中选择中"牛仔裤 素材.png"文件，双击将其导入到文档中，并调整其在画布上的位置。

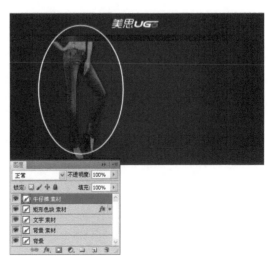

3. 文字效果的制作

01 **"WELCOME" 等文字**。单击工具箱中的"文字工具"按钮，在画布中绘制文本框并输入对应文字内容。执行"窗口 > 字符"命令，在弹出的"字符"面板中对其参数进行设置。

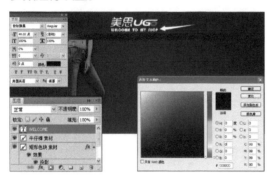

02 **"首页" 等文字**。 按照上述方式继续进行文字效果的制作。

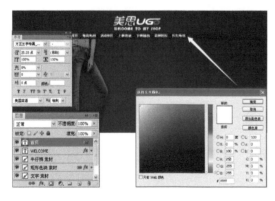

03 **"TIDE COLLOCATION"**。 按照上述方式继续进行文字效果的制作。

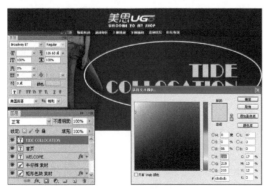

04 **"完美潮搭"**。按照上述方式继续进行文字效果的制作。

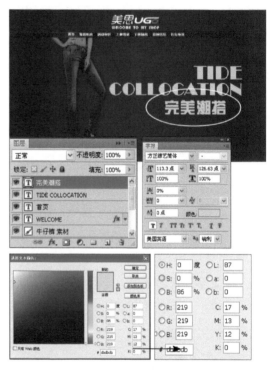

05 **其他文字效果的制作**。按照上述方式继续进行其他文字效果的制作。最终效果如下图所示。

3.2 店铺首页的样式美化

本节主要讲解店铺首页的样式美化，通过大量案例的制作详解，包括圣诞节促销及年货大集等案例的制作，使读者对这类宣传页面的制作流程有了更为直观的认识。

3.2.1 自定义 CSS 样式

制作要点

文字效果的制作及图层样式的添加。

案例文件

案例 \ 第 3 章 \3.2.1

难易程度：★ ★ ★ ★ ☆

自定义 CSS 样式

　　本案例以圣诞大促销为主题进行了宣传页面的设计，在颜色上选择了红色作为主色调，通过装饰性素材的添加及文字效果的制作，装点出了圣诞主题的效果，同时烘托出了浓厚的节日氛围；再配合大幅度的促销内容，能够大大吸引消费者的注意力。

1. 制作背景

01 **新建文档**。执行"文件 > 新建"命令，在弹出的"新建"对话框中设置相关参数，新建一个空白文档。

02 **背景素材的添加**。执行"文件 > 打开"命令，在弹出的"打开"对话框中选择"背景 素材.png"文件，双击将其导入到文档中，并调整其在画布上的位置。

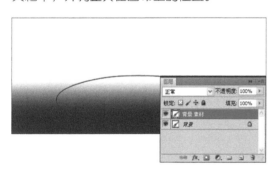

2. 装饰性素材的添加

01 **底纹素材的添加**。执行"文件 > 打开"命令，在弹出的"打开"对话框中选择"底纹 素材.png"文件，双击将其导入到文档中，并调整其在画布上的位置。

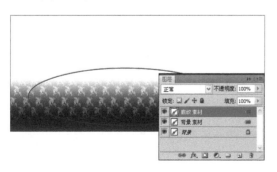

02 **礼物、花纹及彩带素材的添加**。按照上述方式继续添加礼物、花纹及彩带等素材到画布中，效果如下图所示。

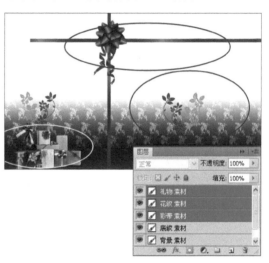

03 **添加窗帘素材并制作投影效果**。按照上述方式继续添加"窗帘 素材.png"到画布中，并在"图层"面板中单击"添加图层样式"按钮，在弹出的下拉列表中选择"投影"选项，在弹出的"图层样式"对话框中对其参数进行设置后单击"确定"按钮。

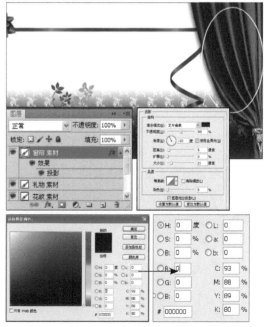

04 **复制素材**。复制制作好的"窗帘 素材.png"，通过水平翻转的方式将其调整至画的左侧位置。效果如下图所示。

05 **文字、礼物、箭头等素材的添加**。继续添加文字、礼物、箭头等素材到画布中。效果如下图所示。

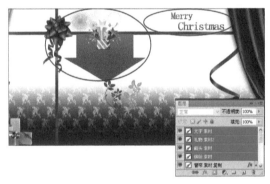

3. 文字效果的添加

01 **"sale 20%~50%"文字**。单击工具箱中的"文字工具"按钮，在画布中绘制文本框并输入对应的文字内容。执行"窗口>字符"命令，在弹出的"字符"面板中对其参数进行设置。

02 **备注文字**。按照上述方式继续进行文字效果的制作。效果如下图所示。

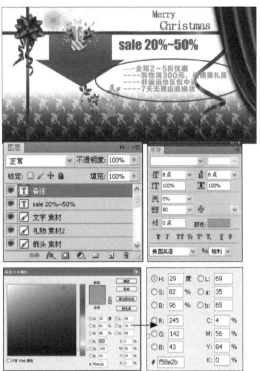

03 **"SALE"文字**。按照上述方式继续进行文字效果制作。接下来通过添加图层样式的方式为制作好的文字添加投影效果。最终效果如下图所示。

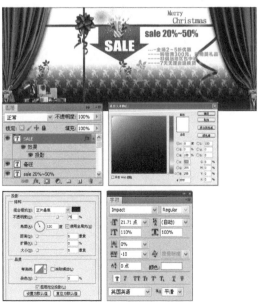

3.2.2 店铺首页的美化

制作要点

融图效果的制作及文字效果的制作。

案例文件

案例 \ 第 3 章 \3.2.2

难易程度：★ ★ ★ ☆ ☆

店铺首页的美化

　　该案例是一则关于年货大促销的宣传广告，在制作中除了添加了年味十足的装饰性素材红梅、灯笼之外，还进行了人物素材的添加。需要注意的是，素材的添加还应用到了融图的方式，使各个素材之间及素材与背景之间巧妙地融合在了一起。

1. 制作背景

01 **新建文档**。执行"文件 > 新建"命令（快捷键 Ctrl+N），在弹出的"新建"对话框中设置相关参数，新建一个空白文档。

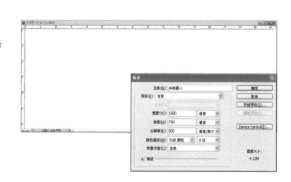

02 矩形色块的制作。新建图层后用"矩形选框工具"在画布中绘制出矩形选区，将"前景色"设置为褐色后按下快捷键 Alt+Delete 进行填充。

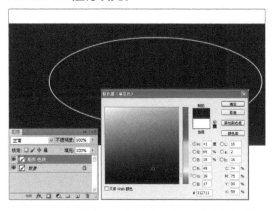

03 矩形色块 2 的制作。按照上述方式继续进行矩形色块的制作。

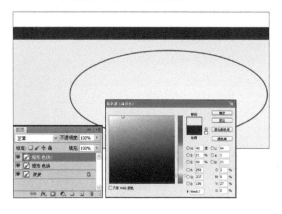

2. 装饰性素材的添加

01 底纹素材的添加。执行"文件 > 打开"命令，在弹出的"打开"对话框中选择"底纹 素材.png"文件，双击将其导入到文档中，并调整其在画布上的位置。

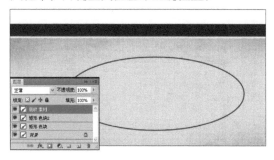

02 人像素材的添加。按照上述方式继续添加"人像 素材.png"到画布中后，通过添加图层蒙版并结合"渐变工具"的使用来遮盖掉"人像 素材.png"在画布中不需要作用的部分即可。

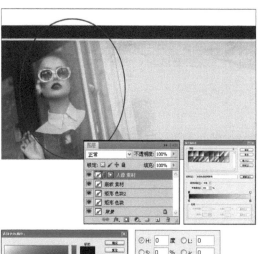

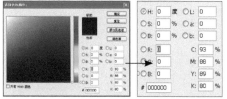

03 文字素材的添加。执行"文件 > 打开"命令，在弹出的"打开"对话框中分别选择"文字 素材.png"及"文字 素材2.png"文件，双击将其导入到文档中，并调整其在画布上的位置。

04 **红花、灯笼素材的添加。** 按照上述方式继续添加红花及灯笼素材到画布中。效果如下图所示。

05 **顶部及梅花素材的添加。** 按照上述方式继续添加顶部及梅花素材到画布中。效果如下图所示。

06 **圆灯素材的添加及投影效果的制作。** 添加"圆灯 素材.png"后通过添加图层样式的方式为该素材进行投影效果的制作。

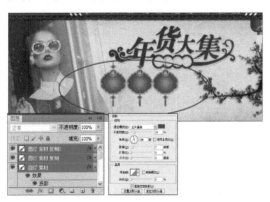

07 **文字素材3的添加。** 执行"文件>打开"命令，在弹出的"打开"对话框中选择"文字 素材.png"文件，双击将其导入到文档中，并调整其在画布上的位置。

3. 文字效果的制作

"新年大吉"。 单击工具箱中的"文字工具"按钮，在画布中绘制文本框并输入对应的文字内容。执行"窗口>字符"命令，在弹出的"字符"面板中对其参数进行设置，再通过添加图层样式的方式为制作好的文字添加描边效果。

3.2.3 店铺首页的设计

制作要点

色彩的搭配及图层样式的改变。

案例文件

案例 \ 第 3 章 \3.2.3

难易程度：★ ★ ★ ★ ☆

店铺首页的设计

　　该案例是一则关于时装表店铺的开业宣传广告。在制作过程中，以黄色为主色调，并选择了绿色进行搭配，通过两种颜色之间的强烈对比呈现出了较为明快、鲜艳的效果；在文字处理上，大量应用了图层样式的变换，以此来制作出投影和渐变叠加的效果，使其看起来更加立体与醒目。

1. 制作背景

01 **新建文档**。执行"文件 > 新建"命令（快捷键 Ctrl+N），在弹出的"新建"对话框中设置相关参数，新建一个空白文档。

02 纯色背景的制作。新建图层后将"前景色"设置为黄色,按下快捷键 Alt+Delete 进行填充。

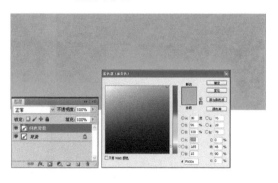

2. 装饰性素材的添加、文字效果的制作

01 色块素材的添加。执行"文件 > 打开"命令,在弹出的"打开"对话框中选择"色块 素材.png"文件,双击将其导入到文档中,并调整其在画布上的位置。

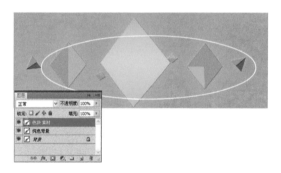

02 "够范儿"。单击工具箱中的"文字工具"按钮,在画布中绘制文本框并输入对应的文字内容。执行"窗口 > 字符"命令,在弹出的"字符"面板中对其参数进行设置。

03 投影及渐变叠加效果的添加。在"图层"面板中单击"添加图层样式"按钮,在弹出的下拉列表中分别选择"投影"和"渐变叠加"选项,在弹出的"图层样式"对话框中对其参数进行设置后单击"确定"按钮。

04 "你就来"。单击工具箱中的"文字工具"按钮,在画布中绘制文本框并输入对应的文字内容。执行"窗口 > 字符"命令,在弹出的"字符"面板中对其参数进行设置。

05 投影效果的添加。在"图层"面板中单击"添加图层样式"按钮，在弹出的下拉列表中选择"投影"选项，在弹出的"图层样式"对话框中对其参数进行设置后单击"确定"按钮。效果如下图所示。

06 渐变叠加效果的添加。按照上述方式继续进行渐变叠加效果的添加。

07 "TIMESHOW"。单击工具箱中的"文字工具"按钮，在画布中绘制文本框并输入对应的文字内容。执行"窗口>字符"命令，在弹出的"字符"面板中对其参数进行设置。

08 投影及渐变叠加效果的添加。在"图层"面板中单击"添加图层样式"按钮，在弹出的下拉列表中分别选择"投影"和"渐变叠加"选项，在弹出的"图层样式"对话框中对其参数进行设置后单击"确定"按钮。

09 "时装表店铺NO.1"。按照上述方式继续进行文字效果的制作，并通过添加图层样式的方式为该文字进行投影及渐变叠加效果的添加。最终效果如下图所示。

读书笔记

第 4 章

案例详解之模块不同

本章通过具体案例的讲解，使读者对淘宝店铺装修中的各个模块有更进一步的了解。这在淘宝店铺装修中是十分关键的。

4.1 店铺收藏

本节主要讲解店铺收藏的相关知识，通过具体案例，使读者对店铺收藏图片的处理有更为详尽的了解。

4.1.1 制作简单店铺收藏图片

制作要点

创建剪贴蒙版。

案例文件

案例 \ 第 4 章 \4.1.1

难易程度：★ ★ ★ ★ ☆

1. 制作背景

新建文档。执行"文件 > 新建"命令（快捷键 Ctrl+N），在弹出的"新建"对话框中设置相关参数，创建一个空白文档。

制作简单店铺收藏图片

该案例是店铺收藏图片的设计。在制作过程中，选择了蓝色与白色的搭配，使整体呈现出简约、时尚的效果。另外，本案例在素材的处理上还应用到了创建剪贴蒙版的方式，使划痕素材巧妙地融入到了设计之中。

2. 装饰性素材的添加

01 **四边形色块的制作。** 新建图层后，用"钢笔工具"勾勒出如下图所示的四边形闭合路径，转换为选区后将"前景色"设置为蓝色进行填充。

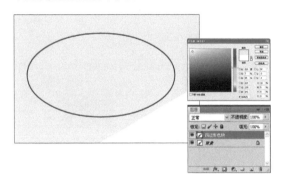

02 **环形色块的制作。** 新建图层后，用"圆形选框工具"绘制出圆形选区，将"前景色"设置为黑色后进行填充。然后在制作好的圆形色块中间绘制圆形选区，按下Delete 键进行删除即可。

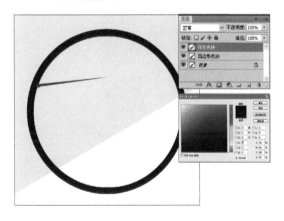

03 **划痕素材的添加。** 执行"文件>打开"命令，在弹出的"打开"对话框中选择"划痕 素材.png"文件，双击将其导入到文档中，并调整其在画布上的位置，再通过创建剪贴蒙版的方式将该素材置入目标图层中。

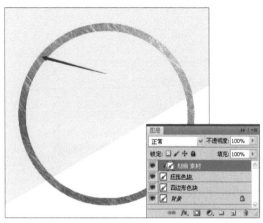

04 **曲线的调整。** 单击"图层"面板下方的"创建新的填充或者调整图层"按钮，在弹出的下拉列表中选择"曲线"选项，对其参数进行设置，再通过创建剪贴蒙版的方式将该曲线置入目标图层中。

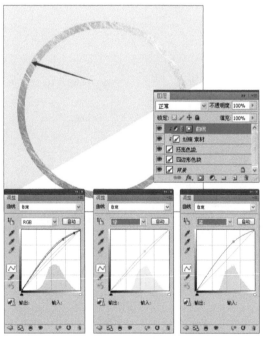

05 **色阶的调整。** 单击"图层"面板下方的"创建新的填充或者调整图层"按钮，在弹出的下拉列表中选择"色阶"选项，对其参数进行设置，再通过创建剪贴蒙版的方式将该色阶置入目标图层中。

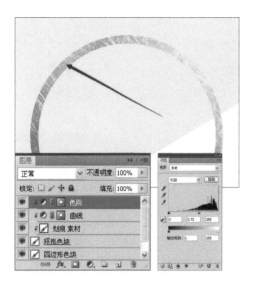

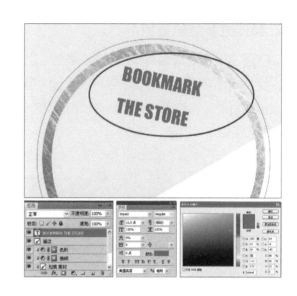

06 **描边**。新建图层后，用"圆形选框工具"绘制出圆形的选区，执行"编辑 > 描边"命令，在弹出的"描边"对话框中对其参数进行设置后单击"确定"按钮。效果如下图所示。

02 **"店铺收藏"文字**。按照上述方式继续进行文字效果的制作。最终效果如下图所示。

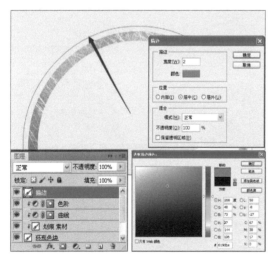

3. 文字效果的制作

01 **"BOOKMARK"等文字**。单击工具箱中的"文字工具"按钮，在画布中绘制文本框并输入对应的文字内容。执行"窗口 > 字符"命令，在弹出的"字符"面板中对其参数进行设置。

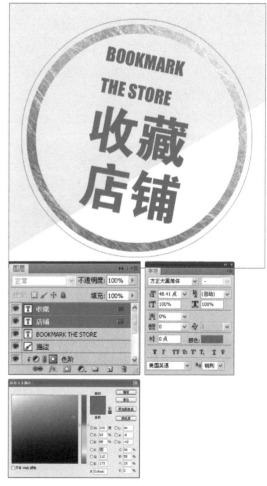

4.1.2 制作动态店铺收藏图片

制作要点

应用"**钢笔工具**"来制作圆形色块。

案例文件

案例 \ 第 4 章 \4.1.2

难易程度：★ ★ ★ ★ ☆

制作动态店铺收藏图片

　　该案例是关于动态店铺收藏图片的设计。在制作过程中，主要通过大面积色块的制作，以及白色边框素材的添加来衬托出画面的主体部分。在颜色的搭配上以蓝色、绿色为主，白色作为辅色。

1. 制作背景

01 **新建文档**。执行"文件 > 新建"命令（快捷键 Ctrl+N），在弹出的"新建"对话框中设置相关参数，新建一个空白文档。

02 纯色背景的制作 新建图层后，将"前景色"设置为蓝色，按下快捷键 Alt+Delete 进行填充。效果如下图所示。

2. 装饰性素材的添加

01 纯色背景的制作。新建图层后，将"前景色"设置为蓝色，按下快捷键 Alt+Delete 进行填充。效果如下图所示。

02 圆形色块的制作。新建图层后，用"钢笔工具"勾勒出下图所示的闭合路径，转换为选区后将"前景色"设置为绿色，按下快捷键 Alt+Delete 进行填充。

03 边框素材的添加。执行"文件 > 打开"命令，在弹出的"打开"对话框中选择"边框 素材.png"文件，双击将其导入到文档中，并调整其在画布上的位置。

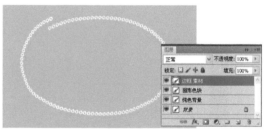

3. 文字效果的制作

01 "收藏"文字。单击工具箱中的"文字工具"按钮，在画布中绘制文本框并输入对应的文字内容。执行"窗口 > 字符"命令，在弹出的"字符"面板中对其参数进行设置。

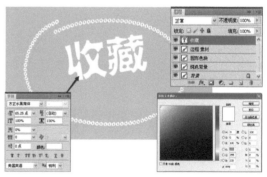

02 "本店铺"文字。继续制作文字效果。最终效果如下图所示。

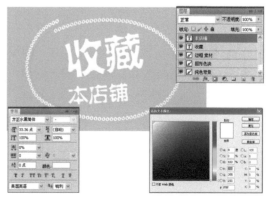

4.1.3 应用店铺收藏

制作要点

描边效果的制作及不规则虚线的做法。

案例文件

案例 \ 第 4 章 \4.1.3

难易程度：★ ★ ★ ★ ★

应用店铺收藏

该案例也是关于店铺收藏图片的设计。在制作过程中，以咖啡色为主色调，重点凸显画面本身的质感；再通过描边效果的制作、卷曲线条的绘制及文字效果的制作、特效的添加等，最终使该收藏图片色调统一，且呈现出了较强的立体感。

1. 制作背景

新建文档。执行"文件 > 新建"命令（快捷键 Ctrl+N），在弹出的"新建"对话框中设置相关参数，新建一个空白文档。

2. 装饰性素材的添加

01 **异形色块的制作**。新建图层后，用"钢笔工具"勾勒出下图所示的闭合路径，转换为选区后将"前景色"设置为驼色，按下快捷键 Alt+Delete 进行填充。

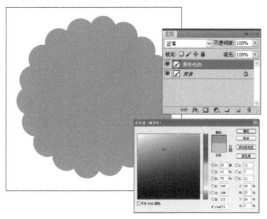

02 **描边效果的制作**。新建图层后，用"钢笔工具"勾勒出下图所示的闭合路径，转换为选区后，执行"编辑 > 描边"命令，在弹出的"描边"对话框中对其参数进行设置后单击"确定"按钮。完成以上操作后，通过添加图层蒙版并结合"画笔工具"的使用擦除描边中不需要作用的部分。注意擦的过程中应该尽可能随意一些。

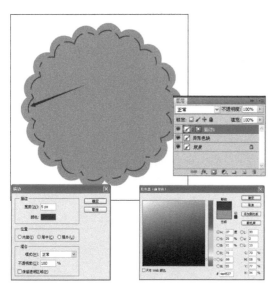

03 **描边效果 2 的制作**。新建图层后，用"钢笔工具"勾勒出下图所示的闭合路径，转换为选区后，执行"编辑 > 描边"命令，在弹出的"描边"对话框中对其参数进行设置后单击"确定"按钮。完成以上操作后，通过添加图层蒙版并结合"画笔工具"的使用擦除描边中不需要作用的部分。注意擦的过程中应该尽可能随意一些。

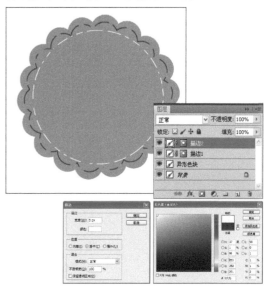

04 **水滴色块的制作**。新建图层后，用"钢笔工具"勾勒出下图所示的闭合路径，转换为选区后将"前景色"设置为咖啡色，按下快捷键 Alt+Delete 进行填充。

05 **水滴色块的复制**。分别复制制作好的水滴色块，并将其调整至中间及左侧的位置。如下图所示。

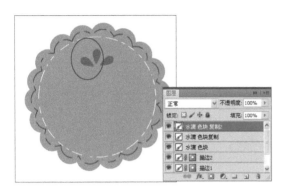

06 **曲线的制作**。新建图层后，用"钢笔工具"勾勒出下图所示的闭合路径，再通过描边路径的方式制作出卷曲线条。

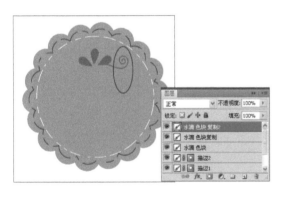

07 **复制曲线**。复制制作好的卷曲线条后，分别将其调整至不同的位置。效果如下图所示。

08 **虚线素材的添加**。执行"文件 > 打开"命令，在弹出的"打开"对话框中选择中"虚线 素材.png"文件，双击将其导入到文档中，并调整其在画布上的位置。

09 **虚线素材的复制**。复制虚线素材后，将其调整至画布的下方。效果如下图所示。

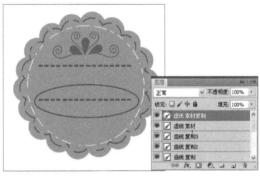

3. 文字效果的制作

01 **"Happiness for you!"文字**。单击工具箱中的"文字工具"按钮，在画布中绘制文本框并输入对应的文字内容。执行"窗口 > 字符"命令，在弹出的"字符"面板中对其参数进行设置。

02 **投影效果的添加。**在"图层"面板中单击"添加图层样式"按钮，在弹出的下拉列表中选择"投影"选项，在弹出的"图层样式"对话框中对其参数进行设置后单击"确定"按钮。

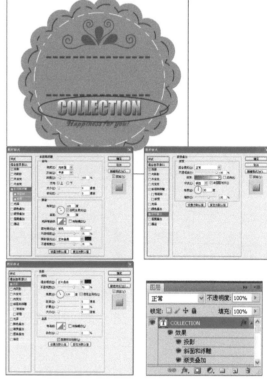

03 **"COLLECTION"文字。**单击工具箱中的"文字工具"按钮，在画布中绘制文本框并输入对应的文字内容。执行"窗口 > 字符"命令，在弹出的"字符"面板中对其参数进行设置。

05 **"收藏本店"文字。**首先制作文字"收藏本店"，再通过添加图层样式的方式为该文字制作出白色的描边效果。最终效果如下图所示。

04 **特效的制作。**在"图层"面板中单击"添加图层样式"按钮，在弹出的下拉列表中分别选择"投影""斜面和浮雕"及"渐变叠加"等选项，在弹出的"图层样式"对话框中分别对其参数进行设置后单击"确定"按钮。

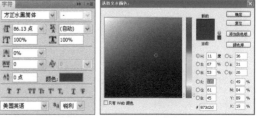

4.1.4 小饰品店铺

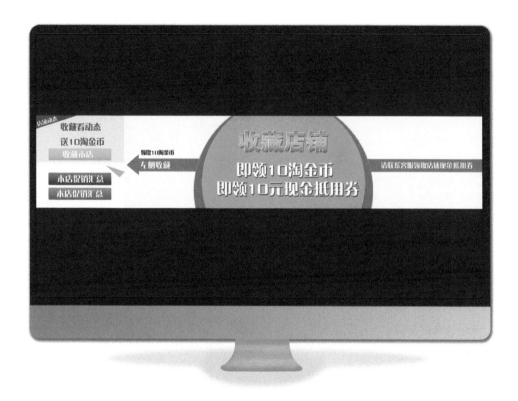

制作要点

文字的制作及图层样式的添加。

案例文件

案例 \ 第 4 章 \4.1.4

难易程度：★ ★ ★ ★ ★

小饰品店铺

　　该案例是一则关于小饰品店铺收藏的宣传画面，在制作中因为需要将重点放在收藏店铺内容的宣传上，因此在文字的制作过程中主要通过添加图层样式的方式为文字制作特效。除此之外，色块的制作也是本案例中一个重要的部分。

1. 制作背景

01 **新建文档。** 执行"文件 > 新建"命令（快捷键 Ctrl+N），在弹出的"新建"对话框中设置相关参数，新建一个空白文档。

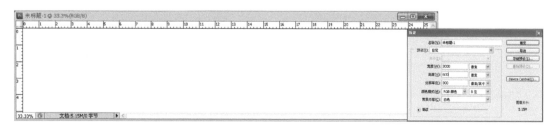

02 **纯色背景的制作**。新建图层后，将"前景色"设置为黄色，按下快捷键 Alt+Delete 进行填充。

2. 装饰性素材的添加

01 **矩形色块的制作**。新建图层后，用"矩形选框工具"绘制出矩形选区，将"前景色"设置为米色后，按下快捷键 Alt+Delete 进行填充。

02 **三角形色块的制作**。新建图层后，用"钢笔工具"勾勒出三角形闭合路径，转换为选区后，将"前景色"设置为红色并按下快捷键 Alt+Delete 进行填充。

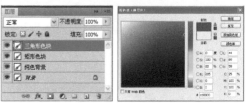

03 **矩形色块的制作**。按照上述方式继续制作一个白色的矩形色块，再通过添加图层蒙版并结合"画笔工具"的使用擦除色块的右上角。效果如下图所示。

04 **圆角矩形色块的制作**。新建图层后，用"圆角矩形工具"勾勒出路径，转换为选区后，将"前景色"设置为绿色，按下快捷键 Alt+Delete 进行填充。

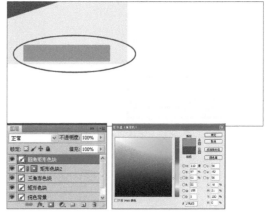

05 **渐变叠加效果的制作。** 在 "图层" 面板中单击 "添加图层样式" 按钮，在弹出的下拉列表中选择 "渐变叠加" 选项，在弹出的 "图层样式" 对话框中对其参数进行设置后单击 "确定" 按钮。

06 **继续制作圆角矩形色块。** 按照上述方式继续进行圆角矩形的制作，并通过添加图层样式的方式为该色块制作出红色渐变叠加的效果。效果如下图所示。

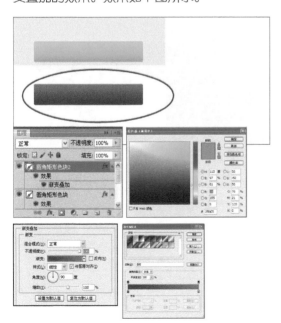

07 **继续制作圆角矩形色块。** 按照上述方式继续进行圆角矩形的制作，并通过添加图层样式的方式为该色块制作出橘色渐变叠加的效果。效果如下图所示。

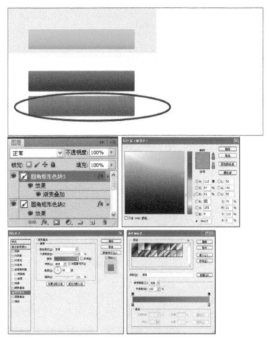

08 **三角形色块 2 的制作。** 新建图层后，用 "钢笔工具" 勾勒出三角形闭合路径，转换为选区后，将 "前景色" 设置为驼色，并按下快捷键 Alt+Delete 进行填充。

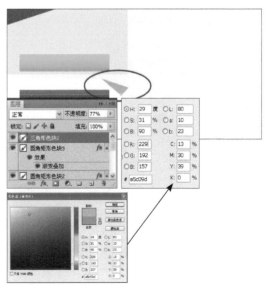

09 **矩形色块3的制作。**新建图层后,用"矩形选框工具"绘制出矩形选区,将"前景色"设置为绿色后,按下快捷键 Alt+Delete 进行填充。

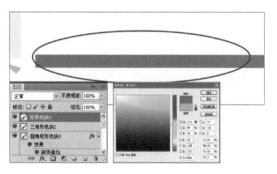

10 **三角形色块 3 的制作。**新建图层后,用"钢笔工具"勾勒出三角形闭合路径,转换为选区后,将"前景色"设置为绿色,并按下快捷键 Alt+Delete 进行填充。

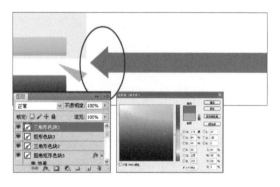

11 **圆形色块的制作。**新建图层后,用"圆形选框工具"绘制出圆形选区,将"前景色"设置为绿色后,按下快捷键 Alt+Delete 进行填充。

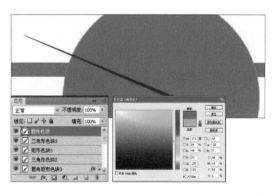

12 **圆形色块2的制作。**新建图层后,用"圆形选框工具"绘制出圆形选区,将"前景色"设置为绿色后,按下快捷键 Alt+Delete 进行填充。

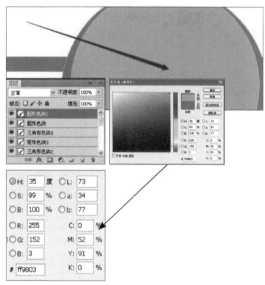

3. 文字效果的制作

01 **"收藏店铺"文字。**单击工具箱中的"文字工具"按钮,在画布中绘制文本框并输入对应的文字内容。执行"窗口>字符"命令,在弹出的"字符"面板中对其参数进行设置。

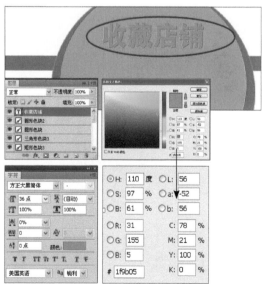

02 **投影效果的添加。**在"图层"面板中单击"添加图层样式"按钮,在弹出的下拉列表中选择"投影"选项,在弹出的"图层样式"对话框中对其参数进行设置后单击"确定"按钮。

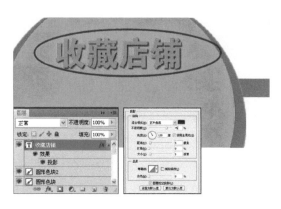

03 **描边效果的添加。**按照上述方式继续进行描边效果的制作。效果如下图所示。

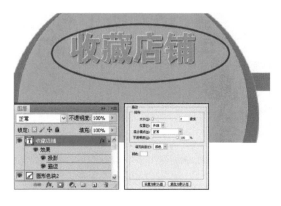

04 **渐变叠加效果的添加。**按照上述方式继续进行描边效果的制作。

05 **"即领10淘金币"文字。**单击工具箱中的"文字工具"按钮,在画布中绘制文本框并输入对应的文字内容。执行"窗口>字符"命令,在弹出的"字符"面板中对其参数进行设置。

06 **投影效果的添加。**在"图层"面板中单击"添加图层样式"按钮,在弹出的下拉列表中选择"投影"选项,在弹出的"图层样式"对话框中对其参数进行设置后单击"确定"按钮。

07 "现金抵用券"等文字。按照上述方式继续制作文字效果，并通过添加图层样式为该文字进行投影效果的制作。

08 "左侧收藏"文字。单击工具箱中的"文字工具"按钮，在画布中绘制文本框并输入对应的文字内容。执行"窗口 > 字符"命令，在弹出的"字符"面板中对其参数进行设置。

09 "领取 10 淘金币"文字。按照上述方式继续进行文字效果的制作。

10 "收藏本店"文字。按照上述方式继续进行文字效果的制作。

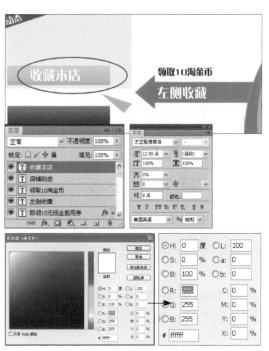

11 其他文字效果的制作。按照上述方式继续进行其他文字效果的制作。最终效果如下图所示。

4.2 宝贝分类

本节主要讲解宝贝分类图片的制作，通过具体案例为读者详尽地展示该类图片的具体做法。

4.2.1 宝贝分类图片的应用

宝贝分类图片的应用

该案例制作的是简单的宝贝分类图片。在制作过程中，主要通过手绘的方式来完成，包括分类模板的绘制、绳子的绘制及按钮的绘制等。重点突出了儿童服饰本身可爱、温馨的特征。除此之外，描边效果的添加也可作为本案例中的一个重点知识来了解。

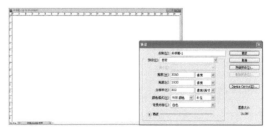

制作要点

"钢笔工具"的应用。

案例文件

案例 \ 第 4 章 \4.2.1

难易程度：★ ★ ★ ★ ☆

1. 制作背景

　　新建文档。执行"文件 > 新建"命令（快捷键 Ctrl+N），在弹出的"新建"对话框中设置相关参数，新建一个空白文档。

2. 装饰性素材的添加

01 **圆形色块的制作**。新建图层后，用"钢笔工具"勾勒出下图所示的闭合路径，转换为选区后将"前景色"设置为淡黄色，按下快捷键 Alt+Delete 进行填充。

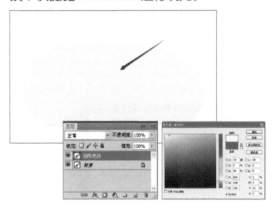

02 **描边效果的添加**。在"图层"面板中单击"添加图层样式"按钮，在弹出的下拉列表中选择"描边"选项，在弹出的"图层样式"对话框中对其参数进行设置后单击"确定"按钮。

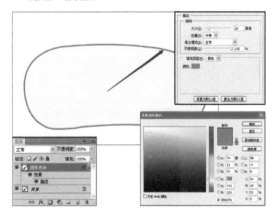

03 **描边的制作**。新建图层，用"钢笔工具"勾勒出右上图所示的闭合路径，将其转换为选区。执行"编辑 > 描边"命令，在弹出的"描边"对话框中对其参数进行设置后单击"确定"按钮。效果如下图所示。

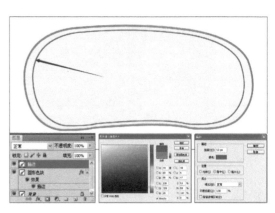

04 **绳子的制作**。新建图层后，用"钢笔工具"勾勒出下图所示的路径，再通过描边路径的方式制作出绳子的效果。

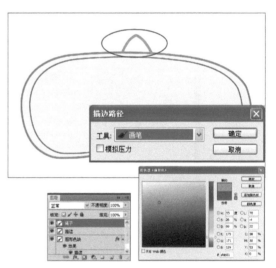

05 **钉子的制作**。新建图层后，用"钢笔工具"勾勒出下图所示的闭合路径，转换为选区后将"前景色"设置为粉红色进行填充。

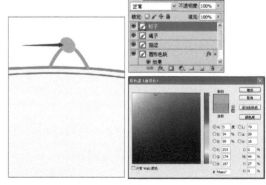

06 **描边效果的添加**。在"图层"面板中单击"添加图层样式"按钮，在弹出的下拉列表中选择"描边"选项，在弹出的"图层样式"对话框中对其参数进行设置后单击"确定"按钮。

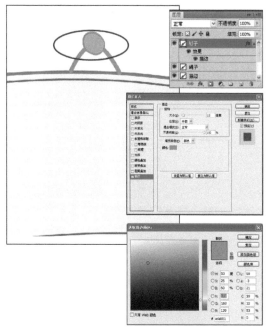

07 **衣服素材的添加**。执行"文件 > 打开"命令，在弹出的"打开"对话框中选择中"衣服 素材.png"文件，双击将其导入到文档中，并调整其在画布上的位置。

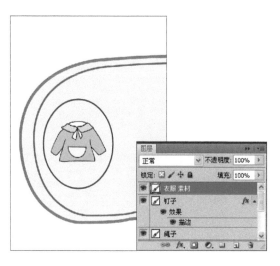

08 **投影效果的添加**。在"图层"面板中单击"添加图层样式"按钮，在弹出的下拉列表中选择"投影"选项，在弹出的"图层样式"对话框中对其参数进行设置后单击"确定"按钮。

09 **外发光效果的添加**。在"图层"面板中单击"添加图层样式"按钮，在弹出的下拉列表中选择"外发光"选项，在弹出的"图层样式"对话框中对其参数进行设置后单击"确定"按钮。

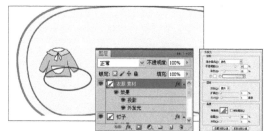

3. 文字效果的制作

"宝宝衣柜"。单击工具箱中的"文字工具"按钮，在画布中绘制文本框并输入对应的文字内容。执行"窗口 > 字符"命令，在弹出的"字符"面板中对其参数进行设置。最终效果如下图所示。

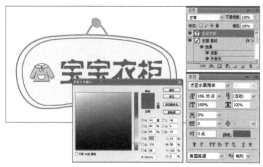

4.2.2 制作宝贝主分类

┌
制作要点

半透明色块的制作及目标图层的置入。

案例文件

案例 \ 第 4 章 \4.2.2

难易程度：★★★★★
└

制作宝贝主分类

　　该案例是关于女装的宝贝分类图片设计。在制作过程中，除了圆角矩形色块的制作、素材的添加以外，需要注意的是半透明色块的制作及目标图层的置入。这样的设计可以使整体画面更具有立体感与层次感。

1. 制作背景

　　新建文档。执行"文件 > 新建"命令（快捷键 Ctrl+N），在弹出的"新建"对话框中设置相关参数，新建一个空白文档。

2. 装饰性素材的添加

01 **圆角矩形色块的制作**。新建图层后，用"圆角矩形工具"勾勒下图所示的路径，转换为选区后将"前景色"设置为黑色，按下快捷键 Alt+Delete 进行填充。

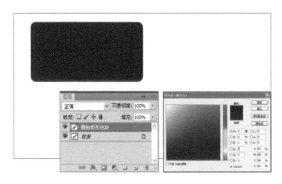

02 **人像素材的添加**。执行"文件 > 打开"命令，在弹出的"打开"对话框中选择"人像 素材.png"文件，双击将其导入到文档中，并调整其在画布上的位置，再通过创建剪贴蒙版的方式将素材置入目标图层中。

03 **矩形色块的制作**。新建图层后，用"矩形选框工具"绘制选区，将"前景色"设置为白色后按下快捷键 Alt+Delete 进行填充。将该图层的"不透明度"值调整为 65%，再通过创建剪贴蒙版的方式将该矩形色块置入目标图层中。

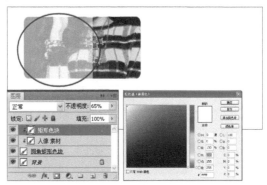

04 **继续制作分类面板**。按照上述方式继续进行分类面板的制作。

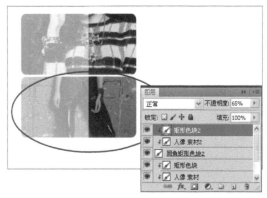

05 **制作其他分类面板**。按照上述方式继续进行其他分类面板的制作，效果如下图所示。

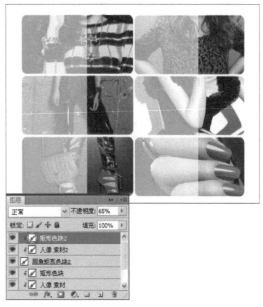

3 文字效果的制作

01 **"外套"文字。** 单击工具箱中的"文字工具"按钮，在画布中绘制文本框并输入对应的文字内容。执行"窗口 > 字符"命令，在弹出的"字符"面板中对其参数进行设置。

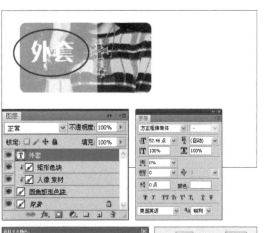

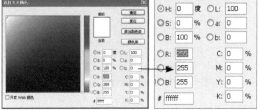

02 **投影效果的制添加。** 在"图层"面板中单击"添加图层样式"按钮，在弹出的下拉列表中选择"投影"选项，在弹出的"图层样式"对话框中对其参数进行设置后单击"确定"按钮。

03 **描边效果的制添加。** 在"图层"面板中单击"添加图层样式"按钮，在弹出的下拉列表中选择"描边"选项，在弹出的"图层样式"对话框中对其参数进行设置后单击"确定"按钮。

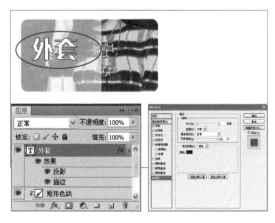

04 **"OUTWEAR"文字。** 按照上述方式继续进行文字效果的制作，并通过添加图层样式的方式对该文字进行投影和描边效果的制作。

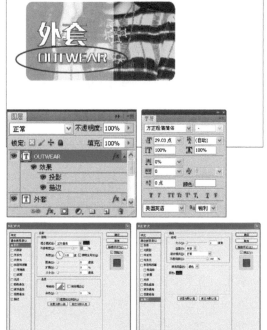

05 **"T恤"文字。**按照上述方式继续进行文字效果的制作，并通过添加图层样式的方式对该文字进行投影和描边效果的制作。

06 **"T-SHIRT"文字。**按照上述方式继续进行文字效果的制作，并通过添加图层样式的方式对该文字进行投影和描边效果的制作。效果如下图所示。

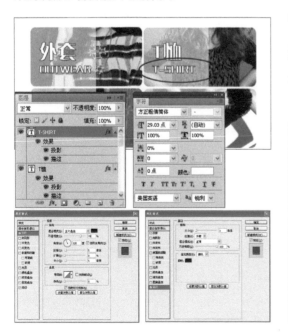

07 **"裤装"文字。**按照上述方式继续进行文字效果的制作，并通过添加图层样式的方式对该文字进行投影和描边效果的制作。效果如下图所示。

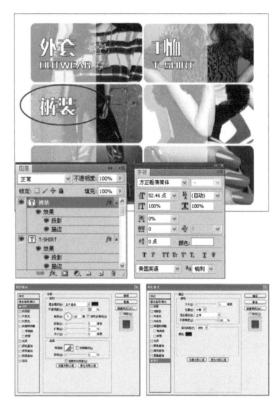

08 **其他文字效果的制作。**按照上述方式继续进行其他文字效果的制作，并通过添加图层样式对该文字制作投影和描边效果。最终效果如下图所示。

4.2.3 秋装专卖

制作要点

渐变叠加效果的制作。

案例文件

案例 \ 第 4 章 \4.2.3

难易程度：★★★★★

秋装专卖

该案例是关于秋装宝贝分类图片的设计。首先我们选择了以纵向排列的方式对宝贝进行系统的分类。另外，在制作中除了各种形状色块的制作外，还应用了渐变叠加等图层样式来增加色块的质感，使整体画面更加立体、新颖。

1. 制作背景

01 **新建文档**。执行"文件 > 新建"命令（快捷键 Ctrl+N），在弹出的"新建"对话框中设置相关参数，新建一个空白文档。

02 **底板色块的制作**。新建图层后，用"圆角矩形工具"勾勒路径，转换为选区后将"前景色"设置为黑色进行填充。

2. 装饰性素材的添加

01 **白色圆角矩形色块的制作**。按照上述方式继续进行白色圆角矩形的制作。效果如下图所示。

02 **渐变叠加效果的添加**。在"图层"面板中单击"添加图层样式"按钮，在弹出的下拉列表中选择"渐变叠加"选项，在弹出的"图层样式"对话框中对其参数进行设置后单击"确定"按钮。

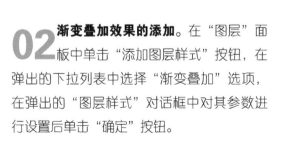

03 **圆角矩形色块 2**。按照上述方式继续制作圆角矩形色块，并通过添加图层样式为该色块制作渐变叠加的效果。效果如下图所示。

04 **其他圆角矩形色块**。按照上述方式继续制作其他的圆角矩形色块，并通过添加图层样式为该色块制作渐变叠加的效果。效果如下图所示。

05 **眼睛素材的添加**。执行"文件 > 打开"命令，在弹出的"打开"对话框中选择中"眼镜 素材.png"文件，双击将其导入到文档中，并调整其在画布上的位置。

06 **其他装饰性素材的添加**。按照上述方式继续添加其他的装饰性素材。效果如下图所示。

07 **异形色块的制作**。新建图层后，用"钢笔工具"勾勒出下图所示的闭合路径，转换为选区后将"前景色"设置为黑色，按下快捷键 Alt+Delete 进行填充。

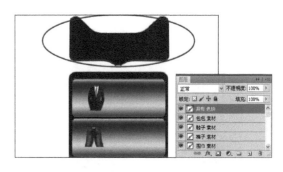

08 **投影效果的制作**。在"图层"面板中单击"添加图层样式"按钮，在弹出的下拉列表中选择"投影"选项，在弹出的"图层样式"对话框中对其参数进行设置后单击"确定"按钮，为该图层添加黑色投影效果。

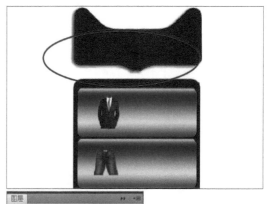

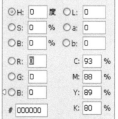

09 **眉眼素材的添加**。执行"文件 > 打开"命令，在弹出的"打开"对话框中选择"眉眼 素材.png"文件，双击将其导入到文档中，并调整其在画布上的位置。

10 **领结素材的添加**。执行"文件 > 打开"命令，在弹出的"打开"对话框中选择"领结 素材.png"文件，双击将其导入到文档中，并调整其在画布上的位置。

3. 文字效果的制作

01 **"上装"文字**。单击工具箱中的"文字工具"按钮，在画布中绘制文本框并输入对应的文字内容。执行"窗口 > 字符"命令，在弹出的"字符"面板中对其参数进行设置。

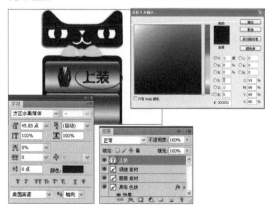

02 **"下装"文字**。单击工具箱中的"文字工具"按钮，在画布中绘制文本框并输入对应的文字内容。执行"窗口 > 字符"命令，在弹出的"字符"面板中对其参数进行设置。

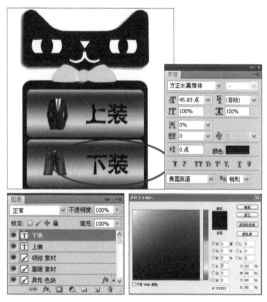

03 **其他文字效果的制作**。按照上述方式继续进行其他文字效果的制作。最终效果如下图所示。

4.2.4 返现金券

制作要点

色彩的搭配及文字效果的制作。

案例文件

案例 \ 第 4 章 \4.2.4

难易程度：★★★★★

返现金券

　　该案例是一则关于淘宝派送现金券的宣传图片设计，在整体色调上选择了以浅蓝色作为主色，使画面看起来更加清爽。另外，将设计的重点放在了文字的处理上，尤其是在现金券的部分采用了红色，使其更加醒目、突出。

1. 制作背景

01 **新建文档**。执行"文件 > 新建"命令（快捷键 Ctrl+N），在弹出的"新建"对话框中设置相关参数，新建一个空白文档。

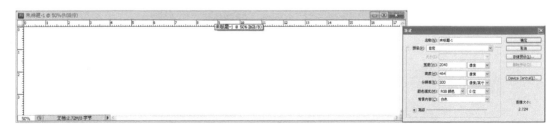

02 纯色背景的制作。新建图层后，将"前景色"设置为浅蓝色，按下快捷键 Alt+Delete 进行填充。

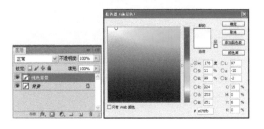

2. 装饰性素材的添加

01 猫头素材的添加。执行"文件 > 打开"命令，在弹出的"打开"对话框中选择"猫头 素材.png"文件，双击将其导入到文档中，并调整其在画布上的位置。

02 线条的制作。新建图层后，用"矩形选框工具"绘制出线形选区。单击"图层"面板下方的"添加图层蒙版"按钮，添加图层蒙版，再通过"渐变工具"的使用制作出下图所示的线条。

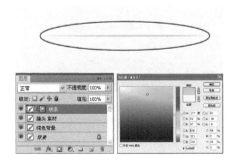

03 圆角矩形色块的制作。新建图层后，用"圆角矩形工具"勾勒出路径，转换为选区后将"前景色"设置为浅蓝色进行填充。在"图层"面板中单击"添加图层样式"按钮，在弹出的下拉列表中选择"描边"选项，在弹出的"图层样式"对话框中对其参数进行设置后单击"确定"按钮。

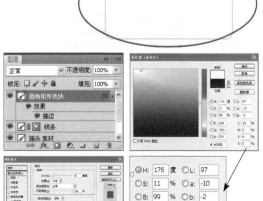

04 矩形色块的制作。新建图层后，用"矩形选框工具"绘制出矩形选区，将"前景色"设置为红色后按下快捷键 Alt+Delete 进行填充。效果如图所示。

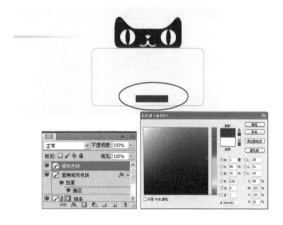

05 **四边形色块的制作。**新建图层后，用 "钢笔工具" 勾勒出下图所示的闭合路径，转换为选区后将 "前景色" 设置为黑色，并按下快捷键 Alt+Delete 进行填充。

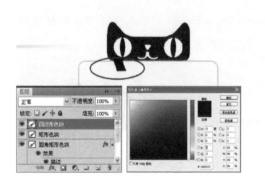

06 **投影效果的添加。**在 "图层" 面板中单击 "添加图层样式" 按钮，在弹出的下拉列表中选择 "投影" 选项，在弹出的 "图层样式" 对话框中对其参数进行设置后单击 "确定" 按钮。

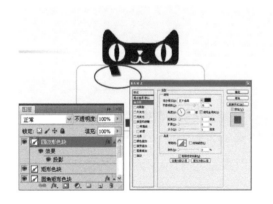

07 **四边形色块的复制。**复制制作好的四边形色块，并通过水平翻转的方式将其调整至右侧。效果如下图所示。

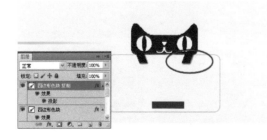

08 **圆角矩形色块的制作。**新建图层后，用 "圆角矩形工具" 勾勒出路径，转换为选区后将 "前景色" 设置为蓝色进行填充。

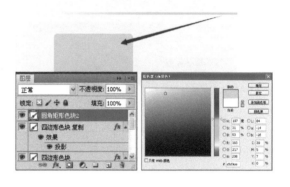

09 **继续制作圆角矩形色块。**按照上述方式继续制作圆角矩形色块。效果如下图所示。

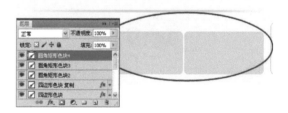

10 **箭头的制作。**新建图层后，用 "钢笔工具" 勾勒出下图所示的闭合路径，转换为选区后将 "前景色" 设置为红色进行填充。

3. 文字效果的制作

01 "3"。单击工具箱中的"文字工具"按钮，在画布中绘制文本框并输入对应的文字内容。执行"窗口 > 字符"命令，在弹出的"字符"面板中对其参数进行设置。

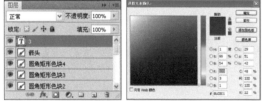

02 "现金券"文字。按照上述方式继续进行文字效果的制作。效果如下图所示。

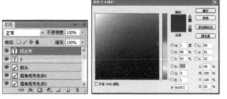

03 其他文字效果的制作。按照上述方式继续进行其他文字效果的制作。

04 "五一狂欢节"文字。单击工具箱中的"文字工具"按钮，在画布中绘制文本框并输入对应的文字内容。执行"窗口 > 字符"命令，在弹出的"字符"面板中对其参数进行设置。

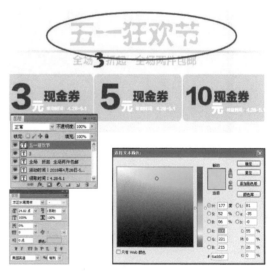

05 投影效果的制作。在"图层"面板中单击"添加图层样式"按钮，在弹出的下拉列表中选择"投影"选项，在弹出的"图层样式"对话框中对其参数进行设置后单击"确定"按钮。

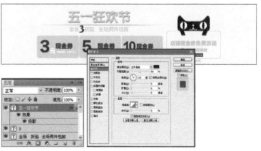

4.3 游动浮标

游动浮标

本节主要讲解游动浮标的制作方法，其中涉及图片的处理及图片的添加等各方面的知识，这在宣传页面的设计中是非常重要的。

4.3.1 处理图片

制作要点

颜色的巧妙搭配及素材的灵活处理。

案例文件

案例 \ 第 4 章 \4.3.1

难易程度：★ ★ ★ ☆ ☆

处理图片

这是关于宠物食品的促销宣传页面设计，在制作中除了选择黄色这一较为明快的色调作为背景外，还应用了可爱风格的文字素材及装饰性素材，来突出宠物类产品的特点。在颜色上，以黄色为主色、蓝色为辅色作为映衬，使画面给人明快、清新的感觉。

1. 制作背景

01 **新建文档**。执行"文件 > 新建"命令，在弹出的"新建"对话框中设置相关参数，新建一个空白文档。

02 **纯色背景的制作**。新建图层后，将"前景色"设置为黄色，按下快捷键 Alt+Delete 进行填充。

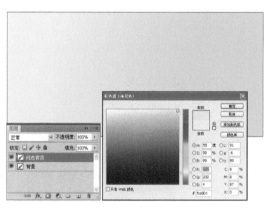

2. 装饰性素材的添加

01 **圆角矩形素材的添加**。执行"文件 > 打开"命令，在弹出的"打开"对话框中选择"圆角矩形 素材.png"文件，双击将其导入到文档中，并调整其在画布上的位置。

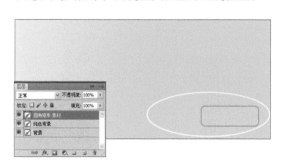

02 **文字素材的添加**。按照上述方式继续进行"文字 素材.png"的添加。效果如下图所示。

03 **文字素材 2 的添加并做特效处理**。按照上述方式继续进行"文字 素材 2.png"的添加，并在"图层"面板中单击"添加图层样式"按钮，在弹出的下拉列表中分别选择"投影"和"斜面和浮雕"选项，在弹出的"图层样式"对话框中对其参数进行设置后单击"确定"按钮。

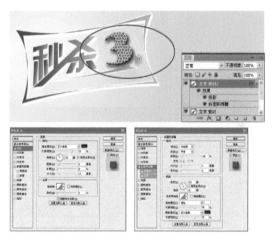

04 **产品素材的添加**。按照上述方式继续进行"产品 素材.png"的添加。效果如下图所示。

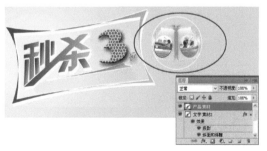

05 **其余素材的添加**。按照上述方式继续添加其余的素材到画布中。效果如下图所示。

3. 文字效果的制作

01 **"全民疯抢"文字**。单击工具箱中的"文字工具"按钮，在画布中绘制文本框并输入对应的文字内容。执行"窗口 > 字符"命令，在弹出的"字符"面板中对其参数进行设置。

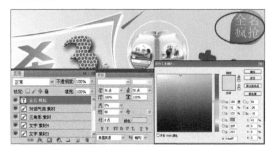

02 **"立即抢购"文字**。按照上述方式继续进行文字效果的制作。效果如下图所示。

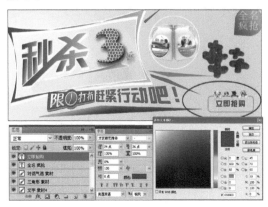

03 **疯狂促销**。按照上述方式继续进行文字效果的制作。效果如下图所示。

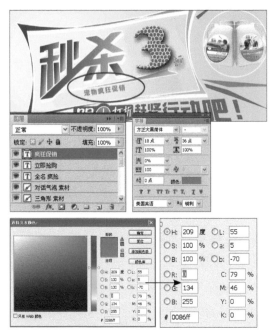

04 **描边效果的添加**。在"图层"面板中单击"添加图层样式"按钮，在弹出的下拉列表中选择"描边"选项，在弹出的"图层样式"对话框中对其参数进行设置后单击"确定"按钮。最终效果如下图所示。

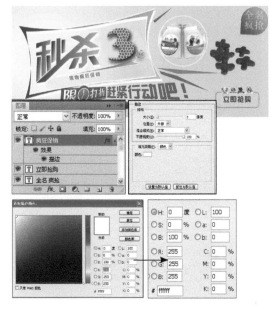

4.3.2 展示动态浮标

制作要点

整体色调的搭配及文字效果的制作。

案例文件

案例 \ 第 4 章 \4.3.2

难易程度：★★★☆☆

展示动态浮标

　　该案例是关于新年促销的宣传页面的设计制作。在制作过程中，除了选择以红色为主要的背景色之外，还添加了具有代表性的素材作为装饰，例如冬季的雪人、雪花及新年祝福文字等，最终使画面呈现出较为轻松、可爱的风格。

1. 制作背景

01 **新建文档**。执行"文件 > 新建"命令（快捷键 Ctrl+N），在弹出的"新建"对话框中设置相关参数，新建一个空白文档。

02 **纯色背景的制作**。新建图层后将"前景色"设置为红色，按下快捷键 Alt+Delete 进行填充。效果如下图所示。

2. 装饰性素材的添加

01 **色块素材的添加**。执行"文件 > 打开"命令，在弹出的"打开"对话框中选择"色块 素材.png"文件，双击将其导入到文档中，并调整其在画布上的位置。

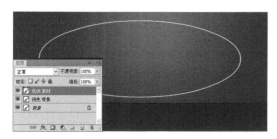

02 **曲线的调整**。单击"图层"面板下方的"创建新的填充或者调整图层"按钮，在弹出的下拉列表中选择"曲线"选项，对其参数进行设置。

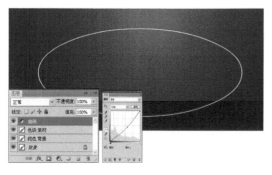

03 **粉刷、文字及星光素材的添加**。继续添加粉刷、文字及星光等素材到画布中。效果如下图所示。

04 **投影效果的添加**。在"图层"面板中单击"添加图层样式"按钮，在弹出的下拉列表中选择"投影"选项，在弹出的"图层样式"对话框中对其参数进行设置后单击"确定"按钮。

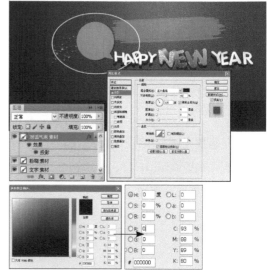

05 **其他素材的添加**。按照上述方式继续添加其他素材到画布中。

3. 文字效果的制作

01 **"全场"文字**。单击工具箱中的"文字工具"按钮，在画布中绘制文本框并输入对应的文字内容。执行"窗口 > 字符"命令，在弹出的"字符"面板中对其参数进行设置。

02 **"2折起包邮"**。按照上述方式继续继续进行文字效果的制作。

03 **"满600元"等文字**。按照上述方式继续进行文字效果的制作。

04 **活动时间文字**。按照上述方式继续进行文字效果的制作。

4.3.3 店铺浮标

制作要点

文字效果的制作及图层样式的更改。

案例文件

案例 \ 第 4 章 \4.3.3

难易程度：★ ★ ★ ☆ ☆

店铺浮标

　　该案例是一则关于"双 12"提前促销的宣传广告，制作时将重点放在了文字效果的制作上，并通过添加图层样式的方式使其呈现出多样的效果。除此之外，烟花及炫光等素材的添加也都为突出主题起到了极好的渲染作用。

1. 制作背景

01 **新建文档。**执行"文件 > 新建"命令（快捷键 Ctrl+N），在弹出的"新建"对话框中设置相关参数，新建一个空白文档。

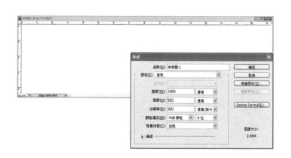

02 **纯色背景的制作**。新建图层后将"前景色"设置为黑色，按下快捷键 Alt+Delete 进行填充。

03 **背景素材的添加**。执行"文件 > 打开"命令，在弹出的"打开"对话框中选择"背景 素材.png"文件，双击将其导入到文档中，并调整其在画布上的位置。

2. 装饰性素材的添加

01 **暗边素材的添加**。按照上述方式继续进行"暗边素材.png"的添加。

02 **渐变和烟花素材的添加**。按照上述方式继续进行渐变和烟花素材的添加。

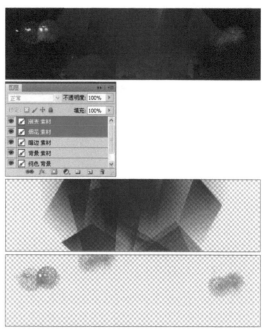

03 **光点与炫光素材的添加**。按照上述方式继续进行光点和炫光素材的添加。

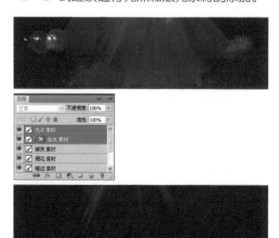

04 **文字素材**。按照上述方式继续进行文字素材的添加，并在"图层"面板中单击"添加图层样式"按钮，在弹出的下拉列表中选择"外发光"选项，在弹出的"图层样式"对话框中对其参数进行设置后单击"确定"按钮。

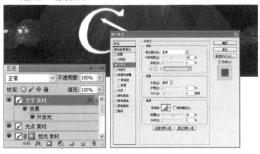

05 **文字素材2**。继续添加"文字素材2.png"到画布中，并通过添加图层样式的方式为该文字进行投影及外发光效果的制作。

3. 文字效果的制作

01 **"超越期待"文字**。单击工具箱中的"文字工具"按钮，在画布中绘制文本框并输入对应的文字内容。执行"窗口 > 字符"命令，在弹出的"字符"面板中对其参数进行设置。

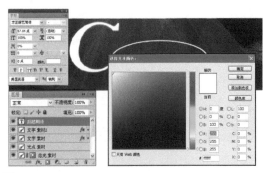

02 **"超前体验"等文字**。按照上述方式继续进行文字效果的制作，并通过添加图层样式的方式为该文字制作投影及外发光效果。

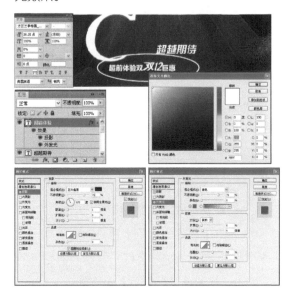

03 **其他文字效果的制作**。按照上述方式继续进行其他文字效果的制作。

淘宝直通车

本节主要讲解淘宝直通车的做法，通过各个具体的案例可以了解在设计时图片的处理等相关的知识，但在具体的操作中还需要我们不断地实践。

4.4.1 单片推广图片设计

制作要点

整体颜色的搭配及文字效果的制作。

案例文件

案例 \ 第 4 章 \4.4.1

难易程度：★ ★ ★ ☆ ☆

单片推广图片设计

这是一则关于"双 11"儿童玩具促销的宣传广告，整体画面以果绿色为主色调，尽可能凸显玩具类产品可爱、有趣的风格，再添加上小房子、卡通人物等装饰性素材，配合文字效果的制作，使画面生动活泼、主题突出。

1. 制作背景

01 **新建文档**。执行"文件 > 新建"命令，在弹出的"新建"对话框中设置相关参数，新建一个空白文档。

02 **纯色背景的制作**。新建图层后，将"前景色"设置为绿色，按下快捷键 Alt+Delete 进行填充。

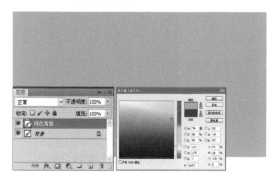

2. 装饰性素材的添加

01 **人物素材的添加**。执行"文件 > 打开"命令，在弹出的"打开"对话框中选择人物等素材文件，双击将其导入到文档中，并调整其在画布上的位置。

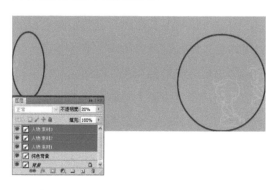

02 **网购狂欢节素材**。按照上述方式继续进行"网购狂欢节 素材.png"文件的添加。效果如下图所示。

03 **圆角矩形色块的制作**。新建图层后，用"圆角矩形工具"在画布中勾勒出圆角矩形路径，转换为选区后将"前景色"设置为白色，按下快捷键 Alt+Delete 进行填充。效果如下图所示。

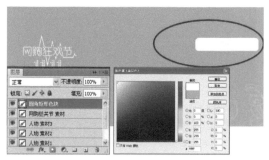

04 **小房子素材的添加**。按照上述方式继续进行小房子素材的添加。效果如下图所示。

3. 文字效果的制作

01 "童年"等文字。单击工具箱中的"文字工具"按钮，在画布中绘制文本框并输入对应的文字内容。执行"窗口 > 字符"命令，在弹出的"字符"面板中对其参数进行设置。

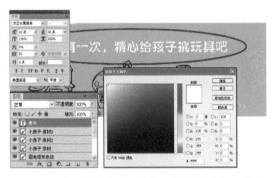

02 "5折起"等文字。按照上述方式继续进行文字效果的制作。效果如下图所示。

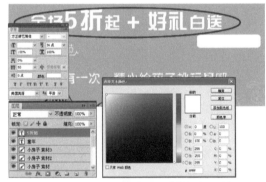

03 "仅此一天"等文字。制作文字效果后，在"图层"面板中单击"添加图层样式"按钮，在弹出的下拉列表中选择"投影"选项，在弹出的"图层样式"对话框中对其参数进行设置后单击"确定"按钮。

04 亲子互动。按照上述方式继续进行文字效果的制作。效果如下图所示。

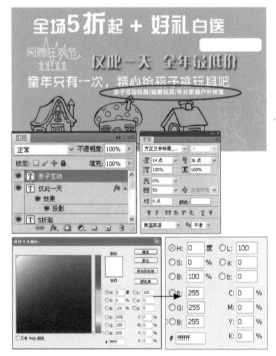

05 "敬请期待"等文字。按照上述方式继续进行文字效果的制作。

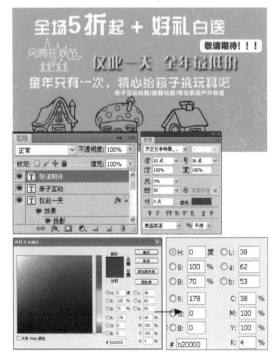

4.4.2 明星店铺设计

制作要点

素材的选择及颜色的合理搭配。

案例文件

案例 \ 第 4 章 \4.4.2.psd

难易程度：★★★☆☆

明星店铺设计

　　该案例是一则关于春季特卖的宣传广告，其独特之处在于除了颜色的合理搭配外，在素材添加方面应用到了彩色圆点素材及卡通人物等素材，使画面看起来既时尚、简洁，又不失活泼、灵动的风格，能够给人留下较深的印象。

1. 制作背景

01 **新建文档**。执行"文件 > 新建"命令（快捷键 Ctrl+N），在弹出的"新建"对话框中设置相关参数，新建一个空白文档。

02 **背景素材的添加**。执行"文件 > 打开"命令，在弹出的"打开"对话框中选择"背景 素材.png"文件，双击将其导入到文档中，并调整其在画布上的位置。

2. 装饰性素材的添加

01 **彩色圆点、文字素材的添加**。按照上述方式继续进行彩色圆点素材及文字素材的添加。

02 **特价素材的添加**。按照上述方式继续进行"特价 素材.png"的添加，并在"图层"面板中单击"添加图层样式"按钮，在弹出的下拉列表中选择"颜色叠加"选项，在弹出的"图层样式"对话框中对其参数进行设置后单击"确定"按钮。

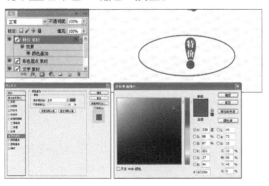

03 **文字素材的添加**。执行"文件 > 打开"命令，在弹出的"打开"对话框中选择"文字 素材.png"文件，双击将其导入到文档中，并调整其在画布上的位置。

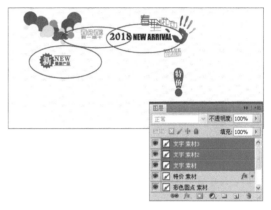

04 **继续添加文字素材**。继续添加文字素材到画布中，并在"图层"面板中单击"添加图层样式"按钮，在弹出的下拉列表中选择"颜色叠加"选项，在弹出的"图层样式"对话框中对其参数进行设置后单击"确定"按钮。

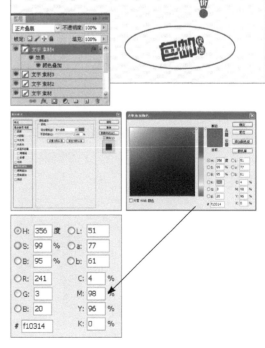

05 **人像及文字素材的添加**。按照上述方式继续进行人像素材和文字素材的添加。效果如下图所示。

06 **文字素材的添加及特效的制作**。按照上述方式继续进行文字素材的添加。在"图层"面板中单击"添加图层样式"按钮，在弹出的下拉列表中选择"颜色叠加"选项，在弹出的"图层样式"对话框中对其参数进行设置后单击"确定"按钮。

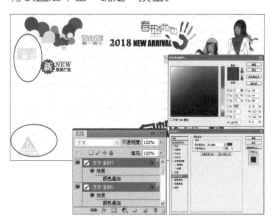

07 **手绘提包及蝴蝶素材的添加**。按照上述方式继续进行手绘提包及蝴蝶素材的添加。

3. 文字效果的制作

01 **"春季特卖"文字**。单击工具箱中的"文字工具"按钮，在画布中绘制文本框并输入对应的文字内容。执行"窗口 > 字符"命令，在弹出的"字符"面板中对其参数进行设置。

02 **"5折起"文字**。按照上述方式继续进行文字效果的制作，并通过添加图层样式的方式为文字进行投影及描边效果的制作。最终效果如下图所示。

4.4.3 活动推广设计

制作要点

整体颜色的搭配及文字效果的处理。

案例文件

案例 \ 第 4 章 \4.4.3.psd

难易程度：★ ★ ★ ☆ ☆

活动推广设计

　　该案例是一则关于秋冬单品促销的宣传广告，在制作时首先选择了蓝色作为主色调，使整体画面看起来清新、时尚。除此之外，主要通过文字效果的制作及特效的添加来对该活动进行推广。

1. 制作背景

01 **新建文档**。执行 "文件 > 新建" 命令（快捷键 Ctrl+N），在弹出的 "新建" 对话框中设置相关参数，新建一个空白文档。

02 背景素材的添加。执行"文件 > 打开"命令，在弹出的"打开"对话框中选择"背景 素材.png"文件，双击将其导入到文档中，并调整其在画布上的位置。

03 商标素材。添加商标素材后在"图层"面板中单击"添加图层样式"按钮，在弹出的下拉列表中选择"投影"选项，在弹出的"图层样式"对话框中对其参数进行设置后单击"确定"按钮。

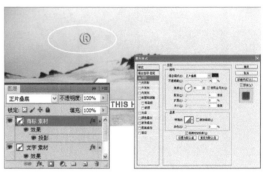

2. 装饰性素材的添加

01 文字素材的添加。按照上述方式继续进行文字素材的添加。

04 文字素材 2 的添加。按照上述方式继续进行文字素材 2 的添加。

3. 文字效果的制作

02 投影效果的制作。在"图层"面板中单击"添加图层样式"按钮，在弹出的下拉列表中选择"投影"选项，在弹出的"图层样式"对话框中对其参数进行设置后单击"确定"按钮。

01 "优之自由派"文字。单击工具箱中的"文字工具"按钮，在画布中绘制文本框并输入对应的文字内容。执行"窗口 > 字符"命令，在弹出的"字符"面板中对其参数进行设置。

02 **投影效果的制作**。在"图层"面板中单击"添加图层样式"按钮，在弹出的下拉列表中选择"投影"选项，在弹出的"图层样式"对话框中对其参数进行设置后单击"确定"按钮。

03 **英文文字**。单击工具箱中的"文字工具"按钮，在画布中绘制文本框并输入对应的文字内容。执行"窗口 > 字符"命令，在弹出的"字符"面板中对其参数进行设置。

04 **投影效果的制作**。在"图层"面板中单击"添加图层样式"按钮，在弹出的下拉列表中选择"投影"选项，在弹出的"图层样式"对话框中对其参数进行设置后单击"确定"按钮。

05 **"秋冬系列"等文字**。按照上述方式继续进行文字效果的制作，并通过添加图层样式的方式为该文字进行投影效果的制作。效果如下图所示。

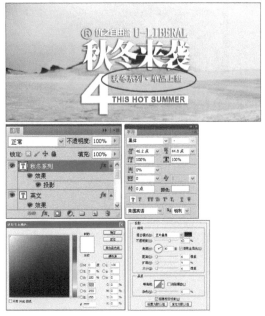

06 **"全场折扣"等文字**。按照上述方式继续进行文字效果的制作，并通过添加图层样式的方式为该文字进行投影效果的制作。最终效果如下图所示。

4.4.4 促销活动图片设计

制作要点

颜色的搭配及文字效果的制作。

案例文件

案例 \ 第 4 章 \4.4.4

难易程度：★★★☆☆

直通车图片的优劣分析应用

　　该案例是一则以国庆店铺促销为主体的宣传广告，首先通过色彩的强烈对比来营造出画面鲜艳、明快的效果，再通过不同形式的文字制作，来突出该宣传广告的主题及详尽内容。

1. 制作背景

01 **新建文档。**执行"文件 > 新建"命令（快捷键 Ctrl+N），在弹出的"新建"对话框中设置相关参数，新建一个空白文档。

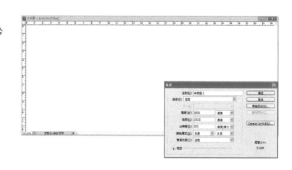

02 **背景素材的添加**。执行"文件 > 打开"命令，在弹出的"打开"对话框中选择"背景 素材.png"文件，双击将其导入到文档中，并调整其在画布上的位置。

2. 装饰性素材的添加

01 **云彩素材的添加**。按照上述方式继续进行"云彩 素材.png"的添加，并将该图层的"不透明度"值改为 80%。

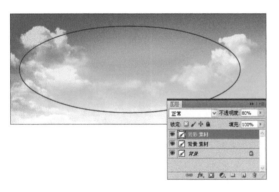

02 **风筝、阳光及提包素材的添加**。按照上述方式继续进行风筝、阳光及提包素材的添加。

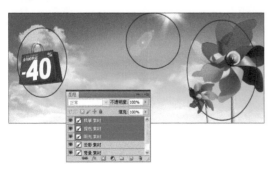

03 **矩形色块的制作**。新建图层后，用"矩形选框工具"在画布中绘制出矩形选区，将"前景色"设置为白色后按下快捷键 Alt+Delete 进行填充，并将该图层的"不透明度"值更改为 62%。

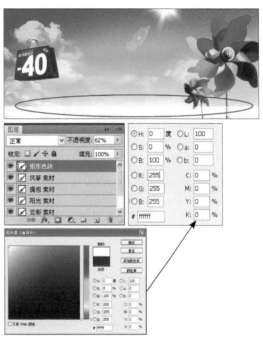

04 **文字素材的添加**。执行"文件 > 打开"命令，在弹出的"打开"对话框中选择"文字 素材.png"文件，双击将其导入到文档中，并调整其在画布上的位置。

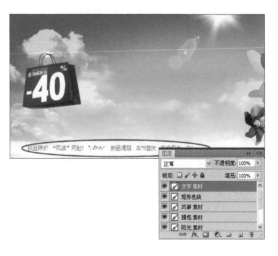

3. 文字效果的制作

01 "6"。单击工具箱中的"文字工具"按钮，在画布中绘制文本框并输入对应的文字内容。执行"窗口 > 字符"命令，在弹出的"字符"面板中对其参数进行设置。

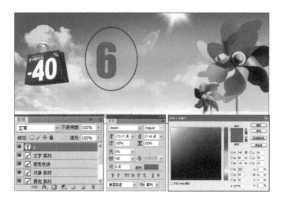

02 "NEW"。按照上述方式继续进行文字效果的制作。效果如下图所示。

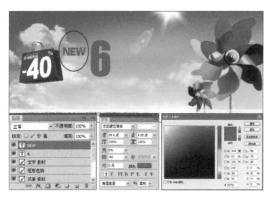

03 "ClickNow!"。按照上述方式继续进行文字效果的制作。效果如下图所示。

04 "淘宝站"文字。按照上述方式继续进行文字效果的制作，并在"图层"面板中单击"添加图层样式"按钮，在弹出的下拉列表中选择"描边"选项，在弹出的"图层样式"对话框中对其参数进行设置后单击"确定"按钮。

05 其他文字效果的制作。按照上述方式继续进行其他文字效果的制作。最终效果如下图所示。

4.5 海报宣传

本小节主要讲解海报宣传页面的具体做法，通过制作最炫首焦图这一案例，使读者对平面广告的制作有更为详尽、直观的认识。

4.5.1 海报的类型

海报按其应用不同大致可以分为商业海报、文化海报、电影海报和公益海报等，这里对它们做一个大概的介绍。

- 商业海报：是指宣传商品或商业服务的商业广告性海报。商业海报的设计，要恰当地配合产品的格调和受众对象。

- 文化海报：是指各种社会文娱活动及各类展览的宣传海报。展览的种类很多，不同的展览都有它们各自的特点，设计师需要了解展览和活动的内容才能运用恰当的方法表现其内容和风格。

- 电影海报：是海报的分支，电影海报主要起到吸引观众注意、刺激电影票房收入的作用，与戏剧海报、文化海报等有相似之处。

- 公益海报：公益海报是带有一定思想性的。这类海报具有特定的对公众的教育意义，其海报主题包括各种社会公益、道德的宣传，或政治思想的宣传，弘扬爱心奉献、共同进步的精神等。

4.5.2 制作最炫首焦图

制作要点

通过曲线来调节光影与色调。

案例文件

案例 \ 第 4 章 \4.5.2

难易程度：★ ★ ★ ☆ ☆

制作最炫首焦图

这是一则关于"双 11"限时抢购的宣传广告，在制作中需要注意的是我们应用到了曲线调节背景光影与色调的方式，这样做的目的在于使整体效果看起来更具有层次感与立体感，再通过素材的添加与文字的制作，使内容更加丰富。

1. 制作背景

01 **新建文档。**执行"文件 > 新建"命令，在弹出的"新建"对话框中设置相关参数，新建一个空白文档。

02 **背景素材的添加。**执行"文件 > 打开"命令，在弹出的"打开"对话框中选择"背景 素材.png"文件，双击将其导入到文档中，并调整其在画布上的位置。

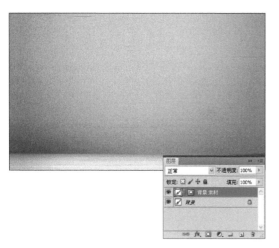

2. 装饰性素材的添加

01 **矩形色块的制作。**新建图层后，用"矩形选框工具"在画布中绘制出矩形选区，将"前景色"设置为灰色后按下快捷键 Alt+Delete 进行填充。

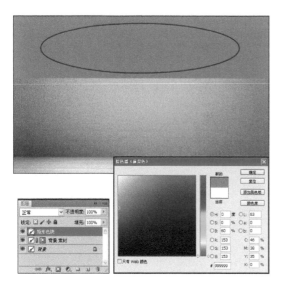

02 **投影及颜色叠加效果的制作。**在"图层"面板中单击"添加图层样式"按钮，在弹出的下拉列表中分别选择"投影"和"颜色叠加"选项，在弹出的"图层样式"对话框中对其参数进行设置后单击"确定"按钮。

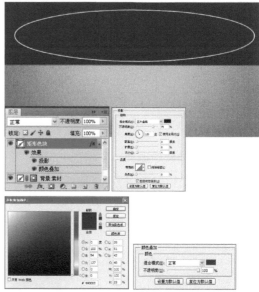

03 **曲线的调整。**单击"图层"面板下方的"创建新的填充或者调整图层"按钮，在弹出的下拉列表中选择"曲线"选项，对其参数进行设置，并通过添加图层蒙版并结合"画笔工具"的使用擦除曲线在画面中不需要作用的部分。

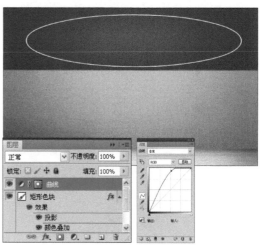

04 **继续进行曲线的调整。** 按照上述方式继续进行曲线的调整，效果如下图所示。

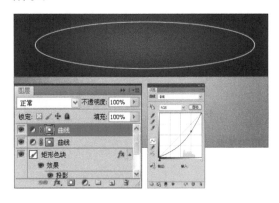

05 **箭头素材的添加。** 在画布中添加 "箭头 素材.png" 后在 "图层" 面板中单击 "添加图层样式" 按钮，在弹出的下拉列表中选择 "颜色叠加" 选项，在弹出的 "图层样式" 对话框中对其参数进行设置后单击 "确定" 按钮。

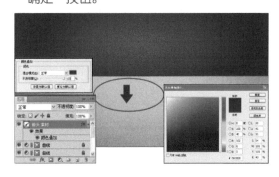

06 **圆角矩形色块的制作。** 用 "圆角矩形工具" 在画布中绘制出圆角矩形的路径，转换成选区后将 "前景色" 设置为白色，按下快捷键 Alt+Delete 填充。

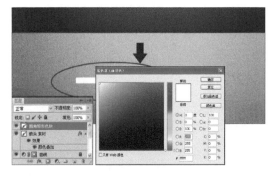

07 **颜色叠加效果的制作。** 在 "图层" 面板中单击 "添加图层样式" 按钮，在弹出的下拉列表中选择 "颜色叠加" 选项，在弹出的 "图层样式" 对话框中对其参数进行设置后单击 "确定" 按钮。

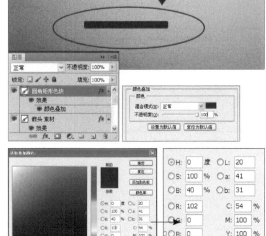

08 **投影效果的制作。** 在 "图层" 面板中单击 "添加图层样式" 按钮，在弹出的下拉列表中选择 "投影" 选项，在弹出的 "图层样式" 对话框中对其参数进行设置后单击 "确定" 按钮。

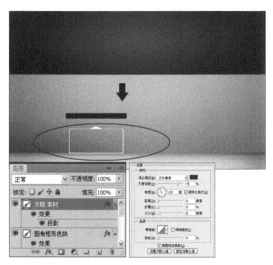

09 **双 11、文字及天猫素材的添加**。按照上述方式将双11、文字及天猫素材添加到画布中。

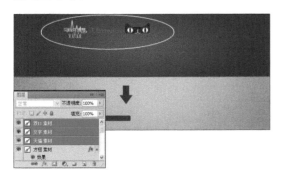

10 **文字、产品及邮戳素材的添加**。按照上述方式将文字、产品及邮戳素材添加到画布中。

3. 文字效果的制作

01 **"铁定低过双"文字**。单击工具箱中的"文字工具"按钮，在画布中绘制文本框并输入对应的文字内容。执行"窗口 > 字符"命令，在弹出的"字符"面板中对其参数进行设置。

02 **"错峰抄底"文字**。按照上述方式继续进行文字效果的制作。效果如下图所示。

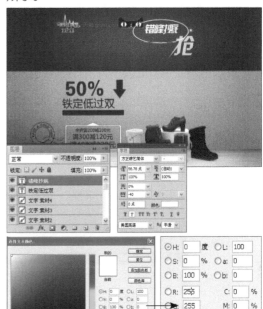

03 **其他文字效果的制作**。按照上述方式继续进行文字效果的制作。最终效果如下图所示。

4.6 店标设计

本小节主要讲解店标设计的相关知识，通过服装、户外用品及玩具类产品店铺店标设计的讲解，使读者对设计流程更加清晰。

4.6.1 制作静态店标

制作要点

文字效果的制作。

案例文件

案例 \ 第 4 章 \4.6.1

难易程度：★★★★☆

制作静态店标

该案例是关于淘宝服装店的店标设计。在制作时除了应该注意颜色的搭配之外，还应该突出店铺本身的名称及宝贝的具体分类等。在这里主要应用到了色块的制作及文字的制作等。

1. 制作背景

01 **新建文档**。执行"文件 > 新建"命令（快捷键 Ctrl+N），在弹出的"新建"对话框中设置相关参数，新建一个空白文档。

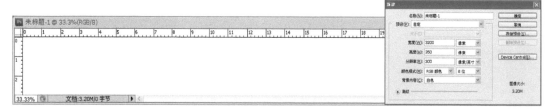

02 **纯色背景的制作**。新建图层后，将 "前景色"设置为蓝色，按下快捷键 Alt+Delete 进行填充。

2. 装饰性素材的添加

01 **矩形色块的制作**。新建图层后，用 "矩形选框工具"绘制出矩形选区，将"前景色"设置为白色后按下快捷键 Alt+Delete 进行填充。

02 **矩形色块 2 的制作**。按照上述方式继续进行矩形色块的制作。

03 **线条的制作**。按照上述方式继续进行白色线条的制作。效果如下图所示。

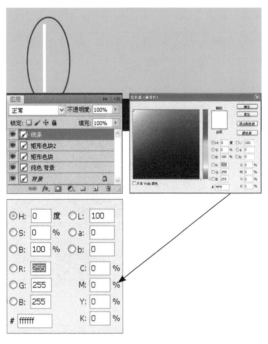

04 **圆形色块的制作**。新建图层后，用"圆形选框工具"在画布中绘制圆形选区，将"前景色"设置为白色后按下快捷键 Alt+Delete 进行填充，效果如下图所示。

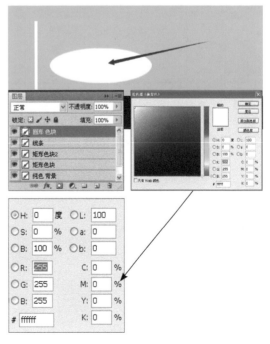

3. 文字效果的制作

01 **"所有商品"文字。**单击工具箱中的"文字工具"按钮，在画布中绘制文本框并输入对应的文字内容。执行"窗口 > 字符"命令，在弹出的"字符"面板中对其参数进行设置。

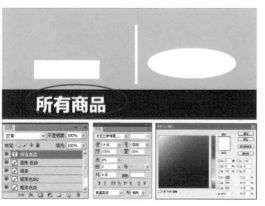

02 **"首页"文字。**按照上述方式继续进行文字效果的制作，效果如下图所示。

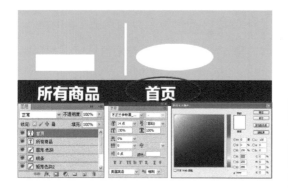

03 **"秋衣"文字。**按照上述方式继续进行文字效果的制作，效果如下图所示。

04 **"休闲裤"文字。**按照上述方式继续进行文字效果的制作，效果如下图所示。

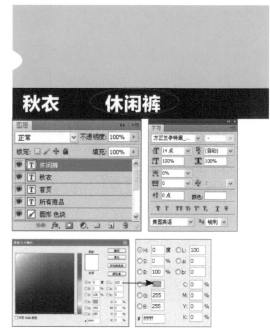

05 **其他文字效果的制作。**按照上述方式继续进行其他文字效果的制作。最终效果如下图所示。

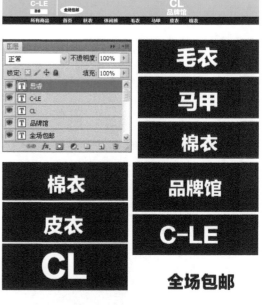

4.6.2 制作动态店标

制作要点

颜色的搭配及素材的灵活处理。

案例文件

案例 \ 第 4 章 \4.6.2

难易程度：★ ★ ★ ★ ☆

制作动态店标

　　该案例是关于家居生活馆的店标设计。在制作时以果绿色作为主色调，并添加上了清新感十足的底纹素材，使整体画面给人以优雅、时尚的视觉效果。除此之外，在文字的处理上以白色为主色，使图片看起来更加清新。

1. 制作背景

01 **新建文档**。执行"文件 > 新建"命令（快捷键 Ctrl+N），在弹出的"新建"对话框中设置相关参数，新建一个空白文档。

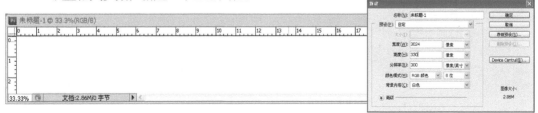

02 **纯色背景的制作**。新建图层后，将"前景色"设置为绿色，按下快捷键 Alt+Delete 进行填充。

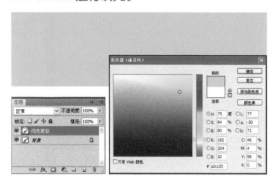

2. 装饰性素材的添加

01 **底纹素材的添加**。执行"文件 > 打开"命令，在弹出的"打开"对话框中选择"底纹 素材.png"文件，双击将其导入到文档中，并调整其在画布上的位置。在"图层"面板中将该图层的"混合模式"调整为"正片叠底"。

02 **矩形色块的制作**。新建图层后，用"矩形选框工具"绘制出矩形选区，将"前景色"设置为深灰色后按下快捷键 Alt+Delete 进行填充。

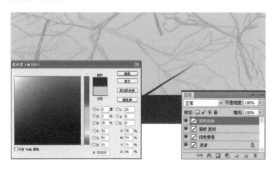

3. 文字效果的制作

01 **"LOVING MORE"**。单击工具箱中的"文字工具"按钮，在画布中绘制文本框并输入对应的文字内容。执行"窗口 > 字符"命令，在弹出的"字符"面板中对其参数进行设置。

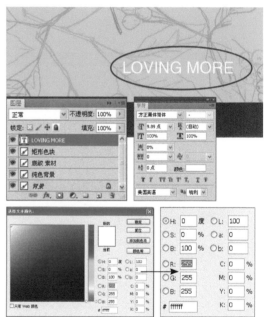

02 **其他文字效果的制作**。按照上述方式继续进行其他文字效果的制作。最终效果如下图所示。

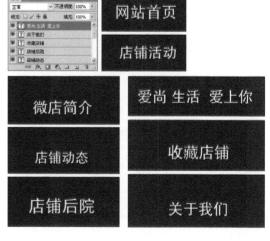

4.6.3 家电店铺店标

制作要点

倒影效果的制作。

案例文件

案例 \ 第 4 章 \4.6.3

难易程度：★★★★☆

家电店铺店标

该案例是关于家电店铺店标的设计。在制作时首先选择了洋红色作为主色，使店标更加醒目。除此之外，在素材的处理上还涉及倒影的制作等，并且为了使文字呈现出更多样的视觉效果，还采用了创建剪贴蒙版的方式将素材文件进行置入。

1. 制作背景

01 **新建文档**。执行"文件 > 新建"命令（快捷键 Ctrl+N），在弹出的"新建"对话框中设置相关参数，新建一个空白文档。

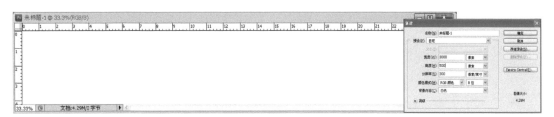

02 **纯色背景的制作。**新建图层后，将"前景色"设置为红色，按下快捷键 Alt+Delete 进行填充。

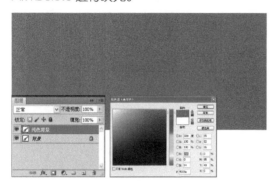

2. 装饰性素材的添加

01 **倒影的制作。**执行"文件 > 打开"命令，在弹出的"打开"对话框中选择"家电 素材.png"文件，双击将其导入到文档中，并调整其在画布上的位置，再通过垂直翻转及高斯模糊制作出倒影的效果。

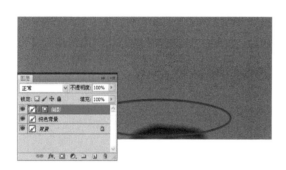

02 **家电素材的添加。**执行"文件 > 打开"命令，在弹出的"打开"对话框中选择"家电 素材.png"文件，双击将其导入到文档中，并调整其在画布上的位置。

03 **家电素材 2 的添加。**按照上述方式继续添加"家电 素材 2.png"到画布中，效果如下图所示。

04 **矩形色块的制作。**新建图层后，用"矩形选框工具"在画布中绘制出矩形选区，将"前景色"设置为白色后进行填充。

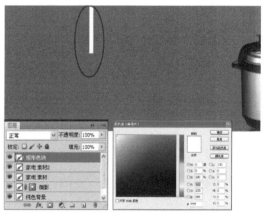

05 **矩形色块的复制。**复制制作好的矩形色块，并将其调整至画布的右侧位置，效果如下图所示。

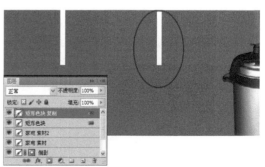

06 **圆角矩形色块的制作**。新建图层后，用"圆角矩形工具"勾勒闭合路径，将其转换为选区，将"前景色"设置为白色后进行填充。

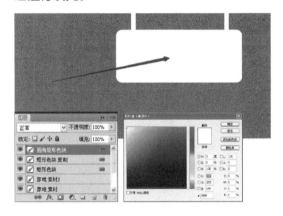

3. 文字效果的制作

01 **"路通小家电专卖"文字**。单击工具箱中的"文字工具"按钮，在画布中绘制文本框并输入对应的文字内容。执行"窗口 > 字符"命令，在弹出的"字符"面板中对其参数进行设置。

02 **主营内容文字**。按照上述方式继续进行文字效果的制作。效果如下图所示。

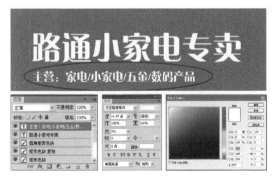

03 **"SHOP"**。按照上述方式继续进行文字效果的制作。效果如下图所示。

04 **底纹素材的添加**。执行"文件 > 打开"命令，在弹出的"打开"对话框中选择"底纹 素材.png"文件，双击将其导入到文档中，并调整其在画布上的位置，再通过创建剪贴蒙版的方式将添加的素材置入目标图层中。最终效果如下图所示。

4.6.4 玩具店铺店标

制作要点

色彩的搭配及"钢笔工具"的应用。

案例文件

案例 \ 第 4 章 \4.6.4

难易程度：★★★★★

玩具店铺店标

　　该案例是关于玩具店铺店标的设计。由于店铺本身的性质为儿童玩具店，为了更好地体现出其温馨、可爱的特点，因此将粉色作为该店标的主色调。粉红色与洋红色的巧妙搭配使整体画面更加清新、脱俗。

1. 制作背景

01 **新建文档**。执行"文件 > 新建"命令（快捷键 Ctrl+N），在弹出的"新建"对话框中设置相关参数，新建一个空白文档。

02 条纹素材的添加。执行"文件＞打开"命令，在弹出的"打开"对话框中选择"条纹 素材.png"文件，双击将其导入到文档中，并调整其在画布上的位置。

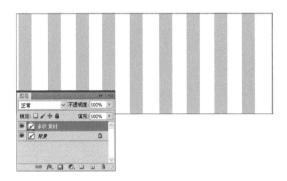

2. 装饰性素材的添加

01 底纹素材的添加。按照上述方式继续添加底纹素材到画布的底部，效果如下图所示。

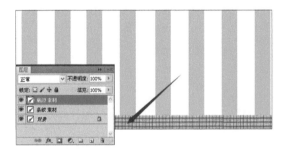

02 色相／饱和度的调整。单击"图层"面板下方的"创建新的填充或者调整图层"按钮，在弹出的下拉列表中选择"色相／饱和度"选项，对其参数进行设置，再通过创建剪贴蒙版的方式将添加的素材置入目标图层中。

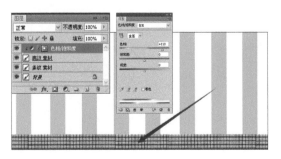

03 曲线的调整。单击"图层"面板下方的"创建新的填充或者调整图层"按钮，在弹出的下拉列表中选择"曲线"选项，对其参数进行设置，再通过创建剪贴蒙版的方式将添加的素材置入目标图层中。

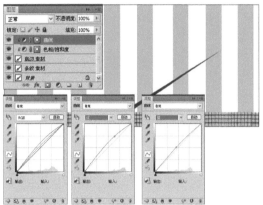

04 矩形色块的制作。新建图层后，用"矩形选框工具"在画布中绘制出矩形选区，将"前景色"设置为白色后进行填充。

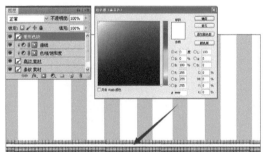

05 矩形色块的复制。复制制作好的矩形色块，并将其调整至画布下方，效果如下图所示。

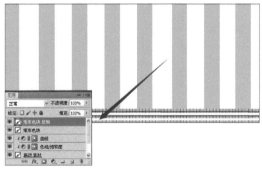

06 **矩形色块2的制作**。新建图层后，用"矩形选框工具"在画布中绘制出矩形选区，将"前景色"设置为红色后进行填充。

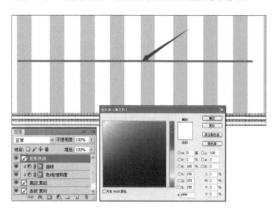

07 **云朵的制作**。新建图层后，用"钢笔工具"勾勒出下图所示的闭合路径，转换为选区后将"前景色"设置为白色进行填充。

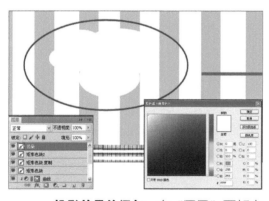

08 **投影效果的添加**。在"图层"面板中单击"添加图层样式"按钮，在弹出的下拉列表中选择"投影"选项，在弹出的"图层样式"对话框中对其参数进行设置后单击"确定"按钮。

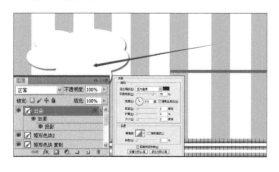

09 **描边效果的添加**。在"图层"面板中单击"添加图层样式"按钮，在弹出的下拉列表中选择"描边"选项，在弹出的"图层样式"对话框中对其参数进行设置后单击"确定"按钮。

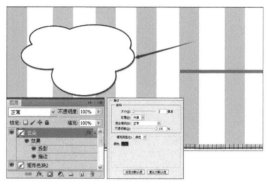

10 **形状1**。单击工具箱中的"自定形状工具"，选择心形形状，勾勒出路径后将其转换为选区，将"前景色"设置为红色后按下快捷键 Alt+Delete 进行填充。

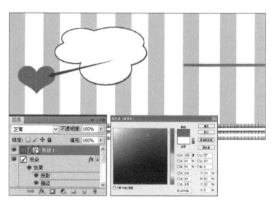

11 **其他心形的制作**。按照上述方式继续制作其他的心形，效果如下图所示。

3. 文字效果的制作

01 **"小熊当家玩具店"**。单击工具箱中的"文字工具"按钮，在画布中绘制文本框并输入对应的文字内容。执行"窗口 > 字符"命令，在弹出的"字符"面板中对其参数进行设置。

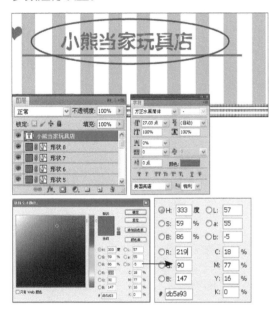

02 **"LUCKY BABAY"**。按照上述方式继续进行文字效果的制作。效果如下图所示。

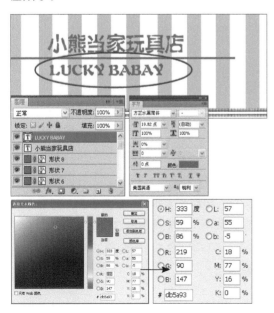

03 **"正品保障"文字**。按照上述方式继续进行文字效果的制作。效果如下图所示。

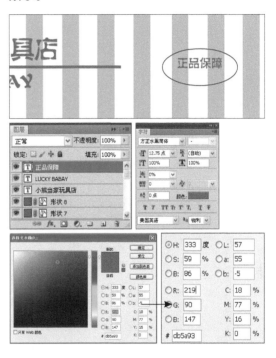

04 **其他文字效果的制作**。单击工具箱中的"文字工具"按钮，在画布中绘制文本框并输入对应的文字内容。执行"窗口 > 字符"命令，在弹出的"字符"面板中对其参数进行设置。然后按照相同的方式来制作其他的文字效果。最终效果如下图所示。

4.7 产品主图

本小节主要讲解淘宝店铺装修中产品主图的制作，通过其规范、选材、构图及质感等细节的了解，使读者对主图在店铺装修中的重要作用及地位有一个全新的认识。

4.7.1 主图的质感

制作要点

色块的制作及颜色的搭配。

案例文件

案例 \ 第 4 章 \4.7.1

难易程度：★ ★ ★ ★ ★

主图的质感

　　这是一则关于网店主图设计的案例，在制作时大量应用了色块的制作及描边效果的添加等，重点突出设计本身的简约、时尚感。在颜色的搭配上，通过浅色背景素材的添加，再加上洋红色彩的恰当应用，起到了极好的点缀作用。

1. 制作背景

01 **新建文档**。执行"文件 > 新建"命令，在弹出的"新建"对话框中设置相关参数，新建一个空白文档。

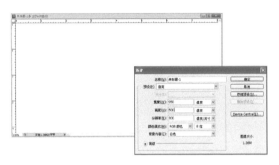

02 **纯色背景的制作**。新建图层后，将"前景色"设置为淡粉色，按下快捷键 Alt+Delete 进行填充。

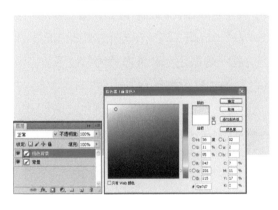

2. 装饰性素材的添加

01 **底纹素材的添加**。执行"文件 > 打开"命令，在弹出的"打开"对话框中选择"底纹 素材.png"文件，双击将其导入到文档中，并调整其在画布上的位置。

02 **矩形色块的制作**。新建图层后，用"矩形选框工具"在画布中绘制出矩形选区，将"前景色"设置为黑色后按下快捷键 Alt+Delete 进行填充。

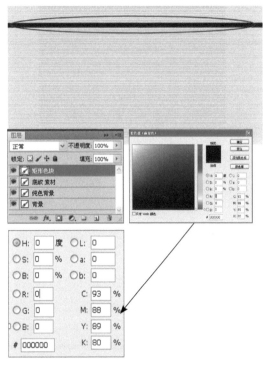

03 **人像素材的添加**。按照上述方式继续进行"人像 素材.png"的添加，并通过添加图层蒙版再结合"画笔工具"的使用擦除该素材在画布中不需要作用的部分。

04 **圆形描边的制作**。新建图层后，用"圆形选框工具"在画布中绘制出圆形的选区，执行"编辑 > 描边"命令，在弹出的"描边"对话框中对其参数进行设置后单击"确定"按钮。

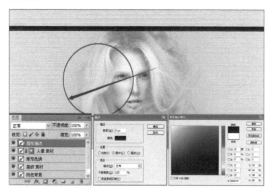

05 **圆形素材的添加**。执行"文件 > 打开"命令，在弹出的"打开"对话框中选择"圆形 素材.png"文件，双击将其导入到文档中，并调整其在画布上的位置。

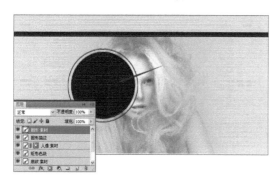

06 **复制描边图层**。按下快捷键 Ctrl+J 对"圆形 描边"图层进行复制。并通过"移动工具"将其移动至画布中的适当位置。

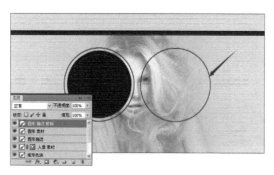

07 **圆形素材 2 的添加**。按照上述方式继续进行"圆形 素材 2.png"的添加。效果如下图所示。

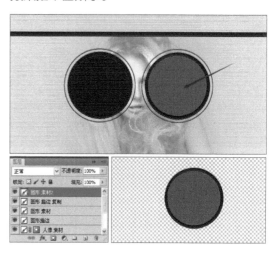

08 **矩形色块 2 的制作**。新建图层后，用"矩形选框工具"在画布中绘制出矩形选区，将"前景色"设置为黑色后按下快捷键 Alt+Delete 进行填充。

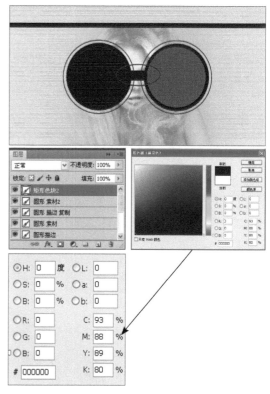

09 **其他矩形色块的制作**。按照上述方式继续进行矩形色块的制作，效果如下图所示。

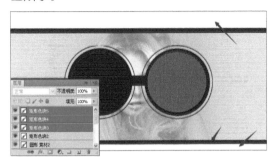

2. 文字效果的制作

01 **"艺类设计"文字**。单击工具箱中的"文字工具"按钮，在画布中绘制文本框并输入对应的文字内容。执行"窗口 > 字符"命令，在弹出的"字符"面板中对其参数进行设置。

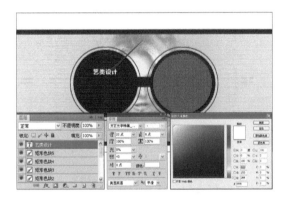

02 **"视觉体验"文字**。按照上述方式继续进行文字效果的制作。

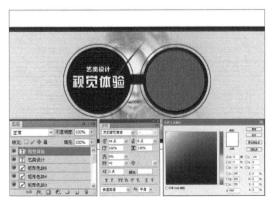

03 **英文文字**。按照上述方式继续进行文字效果的制作。效果如下图所示。

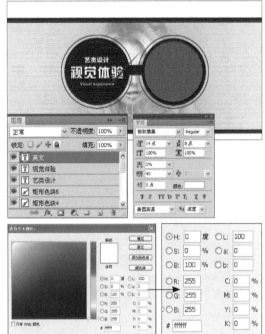

04 **其他文字的制作**。按照上述方式继续进行文字效果的制作。最终效果如下图所示。

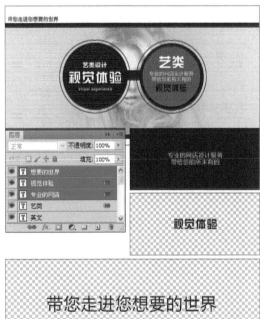

4.7.2 主图的场景化

制作要点

素材之间的巧妙搭配及文字效果的制作。

案例文件

案例 \ 第 4 章 \4.7.2

难易程度：★ ★ ★ ★ ★

主图的场景化

　　该案例是一则关于夏季产品冰点促销的宣传广告。在制作过程中，通过添加沙滩、海水及许愿瓶等素材来营造出清凉冰爽的视觉效果，再通过文字特效的处理，最终使画面呈现出冰点折扣的宣传效果。

1. 制作背景

01 **新建文档**。执行 "文件 > 新建" 命令（快捷键 Ctrl+N），在弹出的 "新建" 对话框中设置相关参数，新建一个空白文档。

02 **背景素材的添加**。执行"文件 > 打开"命令，在弹出的"打开"对话框中选择"背景 素材.png"文件，双击将其导入到文档中，并调整其在画布上的位置。

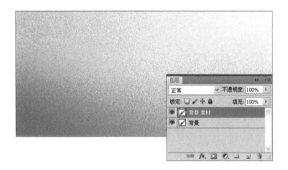

2. 装饰性素材的添加

01 **海水素材的添加**。执行"文件 > 打开"命令，在弹出的"打开"对话框中选择"海水 素材.png"文件，双击将其导入到文档中，并调整其在画布上的位置。

02 **彩灯素材的添加**。按照上述方式继续进行"彩灯 素材.png"的添加。

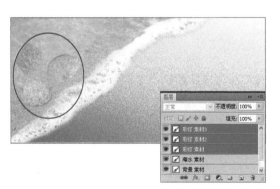

03 **海星、许愿瓶等素材的添加**。按照上述方式继续进行海星、许愿瓶等素材的添加。

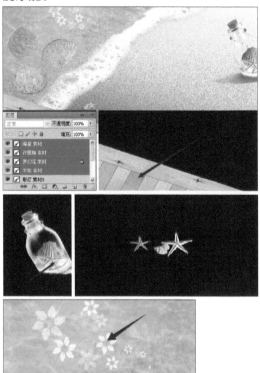

04 **文字素材的添加**。按照上述方式继续进行文字素材的添加，并添加投影和描边效果。

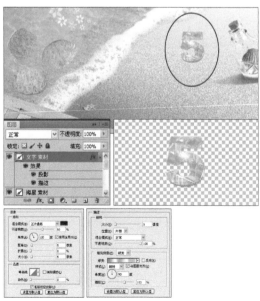

3. 文字效果的制作

01 **备注文字**。单击工具箱中的"文字工具"按钮,在画布中绘制文本框并输入对应的文字内容。执行"窗口 > 字符"命令,在弹出的"字符"面板中对其参数进行设置。

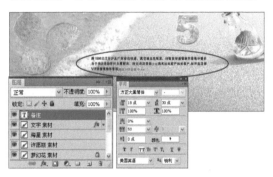

02 **投影、描边效果的制作**。在"图层"面板中单击"添加图层样式"按钮,在弹出的下拉列表中分别选择"投影"和"描边"选项,在弹出的"图层样式"对话框中对其参数进行设置后单击"确定"按钮。

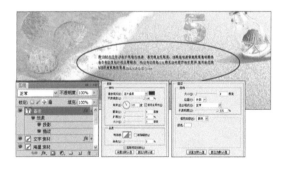

03 **降价文字**。按照上述方式继续进行文字效果的制作,并将该图层的"不透明度"值改为 30%。

04 **"梦幻初夏"等文字**。按照上述方式继续进行文字效果的制作,并通过添加图层样式的方式为文字制作投影、描边等效果。

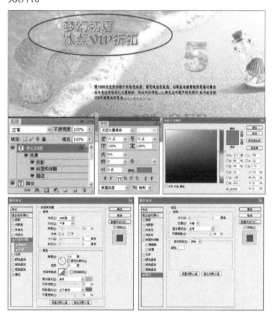

05 **其他文字效果的制作**。按照上述方式继续进行文字效果的制作,并通过添加图层样式的方式为文字制作特效等。最终效果如下图所示。

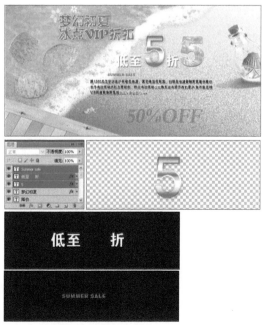

4.7.3 主图的品牌宣传

制作要点

色调的统一及素材的衔接。

案例文件

案例 \ 第 4 章 \4.7.3

难易程度：★★★☆☆

主图的品牌宣传

　　该案例通过女士皮装宣传页面的制作，为读者具体讲解了淘宝店铺中关于主图的品牌宣传。在具体的操作中应该注意的是，为了体现品牌的价值及产品的质感，在主图的设计中应该尽可能在画面的色调及素材的衔接上多用一些心思。

1. 制作背景

01 **新建文档**。执行"文件 > 新建"命令（快捷键 Ctrl+N），在弹出的"新建"对话框中设置相关参数，新建一个空白文档。

02 背景素材的添加。执行"文件>打开"命令，在弹出的"打开"对话框中选择"背景 素材.png"文件，双击将其导入到文档中，并调整其在画布上的位置。

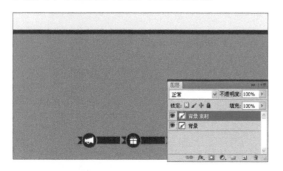

2. 装饰性素材的添加

01 高光素材的添加。执行"文件>打开"命令，在弹出的"打开"对话框中选择"高光 素材.png"文件，双击将其导入到文档中，并调整其在画布上的位置。

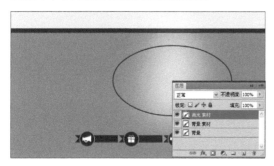

02 人像素材的添加。按照上述方式继续进行人像素材的添加，并将该图层的"混合模式"更改为"正片叠底"，再通过添加图层蒙版并结合"画笔工具"的使用擦除素材在画布中不需要作用的部分即可。

03 曲线的调整。单击"图层"面板下方的"创建新的填充或者调整图层"按钮，在弹出的下拉列表中选择"曲线"选项，对其参数进行设置。

04 圆角矩形色块的制作。通过"圆角矩形工具"在画布中制作出圆角矩形色块。并在"图层"面板中单击"添加图层样式"按钮，在弹出的下拉列表中分别选择"投影"和"渐变叠加"选项，在弹出的"图层样式"对话框中对其参数进行设置后单击"确定"按钮。

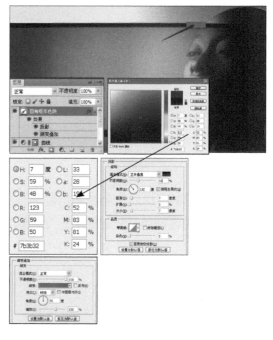

05 **继续制作矩形色块**。按照上述方式继续进行矩形色块的制作。

3. 文字效果的制作

01 **"折 + 包邮"文字**。单击工具箱中的"文字工具"按钮,在画布中绘制文本框并输入对应的文字内容。执行"窗口 > 字符"命令,在弹出的"字符"面板中对其参数进行设置。

02 **"FOLD 折扣区"文字**。按照上述方式继续进行文字效果的制作。

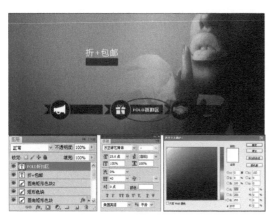

03 **"收藏本店"文字**。按照上述方式继续进行文字效果的制作。

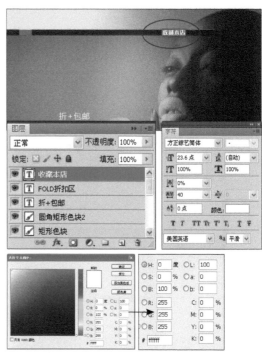

04 **其他文字的制作**。按照上述方式继续进行文字效果的制作。最终效果如下图所示。

4.8 产品拼接图

本节主要讲解产品拼接图的制作方法，通过女装及面膜等具体案例的制作使读者对产品图的拼接有更为详尽的了解。在这一节中图层蒙版的添加、"画笔工具"的应用，以及"渐变工具"的应用等均可作为重要的知识点来学习。

4.8.1 连衣裙大放送

制作要点

融图效果的制作及素材的搭配。

案例文件

案例 \ 第 4 章 \4.8.1

难易程度：★★★★☆

连衣裙大放送

这是一则关于连衣裙的宣传广告，通过白色背景的制作及素雅的水墨素材的添加，使整体画面更加清爽，再通过融图的方式将人像素材添加到画布中作为画面的主体部分，使整体宣传页面更加生动、形象。

1. 制作背景

01 **新建文档**。执行"文件 > 新建"命令，在弹出的"新建"对话框中设置相关参数，新建一个空白文档。

02 **水墨素材的添加**。执行"文件 > 打开"命令，在弹出的"打开"对话框中选择"水墨 素材.png"文件，双击将其导入到文档中，并调整其在画布上的位置。

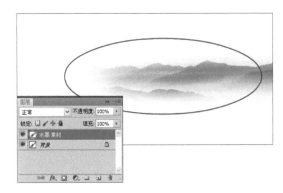

03 **继续添加水墨素材**。按照上述方式继续添加"水墨 素材 2.png"到画布中。效果如下图所示。

2. 装饰性素材的添加

01 **人像素材的添加**。按照上述方式继续进行人像素材的添加，再通过添加图层蒙版并结合"画笔工具"的使用擦除素材在画面中不需要作用的部分。

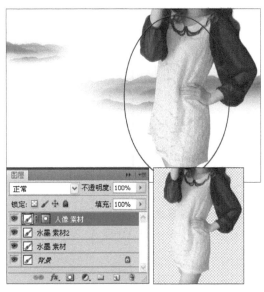

02 **圆形素材及文字素材的添加**。按照上述方式继续进行圆形素材及文字素材的添加，效果如下图所示。

3. 文字效果的制作

01 **"实惠价"文字。** 单击工具箱中的"文字工具"按钮，在画布中绘制文本框并输入对应的文字内容。执行"窗口 > 字符"命令，在弹出的"字符"面板中对其参数进行设置。

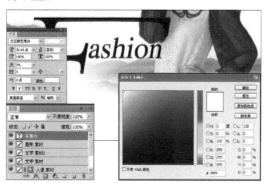

02 **"时尚首选"文字。** 按照上述方式继续进行文字效果的制作，效果如下图所示。

03 **"疯抢中"文字。** 按照上述方式继续进行文字效果的制作，效果如下图所示。

04 **"79.00"文字。** 按照上述方式继续进行文字效果的制作。效果如下图所示。

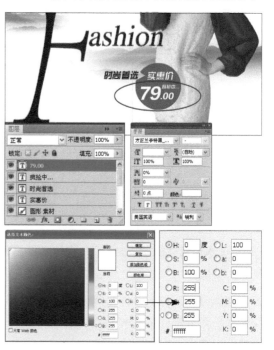

05 **其余文字效果的制作。** 按照上述方式继续制作其他的文字效果。最终效果如下图所示。

4.8.2 神奇面膜贴

制作要点

素材的之间的衔接及色调的统一。

案例文件

案例 \ 第 4 章 \4.8.2

难易程度：★★★★★

神奇面膜贴

　　该案例是一则关于夏季神奇面膜贴的宣传广告。在制作时，首先选择了以蓝色作为主色调，并通过水漾等素材的添加营造出了夏季清凉舒爽的视觉效果；接下来通过融图的方式将人像及产品等素材与现有的背景画面相融合，使该设计色调统一、主题突出。

1. 制作背景

01 **新建文档**。执行"文件 > 新建"命令（快捷键 Ctrl+N），在弹出的"新建"对话框中设置相关参数，新建一个空白文档。

02 **背景素材的添加。** 执行"文件 > 打开"命令，在弹出的"打开"对话框中选择"背景 素材.png"文件，双击将其导入到文档中，并调整其在画布上的位置。

2. 装饰性素材的添加

01 **人像素材的添加。** 按照上述方式继续添加人像素材到画布中，并通过添加图层蒙版并结合"画笔工具"的使用擦除素材在画面中不需要作用的部分。

02 **水珠、产品及渐变素材的添加。** 按照上述方式继续添加水珠、产品及渐变等素材，效果如下图所示。

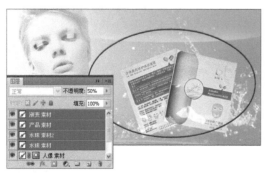

03 **圆角矩形色块的制作。** 单击工具箱中的"圆角矩形工具"按钮，在画布中勾勒出圆角矩形闭合路径后转换为选区，将"前景色"设置为蓝色后按下快捷键Alt+Delete 进行填充。

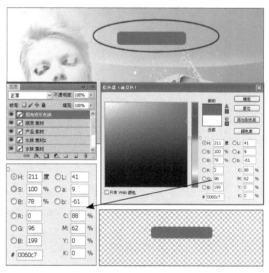

3. 文字效果的制作

01 **"肌肤水嫩"等文字。** 单击工具箱中的"文字工具"按钮，在画布中绘制文本框并输入对应的文字内容。执行"窗口 > 字符"命令，在弹出的"字符"面板中对其参数进行设置。

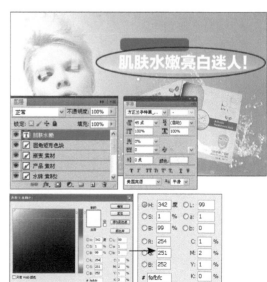

02 投影效果的制作。在"图层"面板中单击"添加图层样式"按钮，在弹出的下拉列表中选择"投影"选项，在弹出的"图层样式"对话框中对其参数进行设置后单击"确定"按钮。

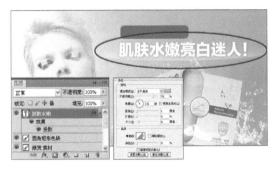

03 "活焕美白"等文字。按照上述方式继续进行文字效果的制作。

04 "医学美容护理面膜"文字。按照上述方式继续进行文字效果的制作。

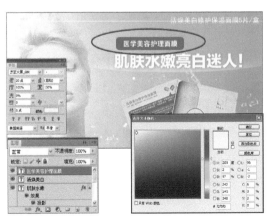

4. 整体色调的调整

01 曲线的调整。单击"图层"面板下方的"创建新的填充或者调整图层"按钮，在弹出的下拉列表中选择"曲线"选项，对其参数进行设置，效果如下图所示。

02 色相／饱和度的调整。单击"图层"面板下方的"创建新的填充或者调整图层"按钮，在弹出的下拉列表中选择"色相／饱和度"选项，对其参数进行设置。最终效果如下图所示。

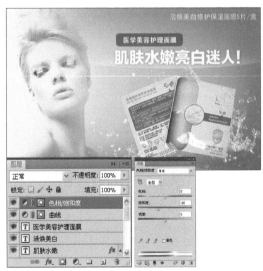

4.9 宝贝描述面板

本小节主要讲解宝贝描述面板的制作，通过舒适针织衫及创意望远镜等案例的制作为读者展示了在具体的操作中如何对宝贝进行描述。

4.9.1 舒适针织衫

制作要点

素材的巧妙搭配。

案例文件

案例 \ 第 4 章 \4.9.1

难易程度：★★★☆☆

舒适针织衫

这是一则关于男士针织衫新品的宣传广告。在本案例中，除了背景的添加、素材之间的搭配及文字效果的制作，还需要注意画面色调的统一及主题的烘托。例如，我们选择了以红色作为主色调，以此来衬托出迎新春、过新年男装大幅促销的氛围。

1. 制作背景

01 **新建文档**。执行"文件 > 新建"命令，在弹出的"新建"对话框中设置相关参数，新建一个空白文档。

02 **背景素材的添加**。执行"文件 > 打开"命令，在弹出的"打开"对话框中选择"背景 素材.png"文件，双击将其导入到文档中，并调整其在画布上的位置。

2. 装饰性素材的添加

01 **毛衫素材的添加**。按照上述方式继续进行毛衫素材的添加。

02 **矩形色块的制作**。新建图层后，用"矩形选框工具"在画布中绘制出矩形选区，将"前景色"设置为褐色后按下快捷键 Alt+Delete 进行填充即可。

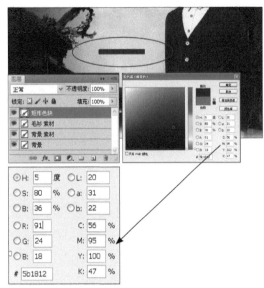

03 **矩形描边的制作**。新建图层后，用"矩形选框工具"在画布中绘制出矩形选区，再执行"编辑 > 描边"命令，在弹出的"描边"对话框中对其参数进行设置后单击"确定"按钮。

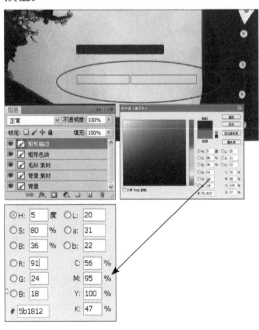

04 **三角形色块的制作**。新建图层后，用"钢笔工具"在画布中勾勒出三角形闭合路径，转换为选区后将"前景色"设置为褐色。按下快捷键 Alt+Delete 进行填充。

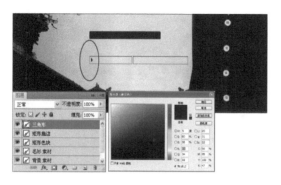

05 **三角形色块的复制**。按下快捷键 Ctrl+J 复制三角形色块，并将其调整至画布中的合适位置。效果如下图所示。

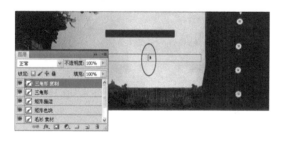

3. 文字效果的制作

01 **"百万红包免费送"文字**。单击工具箱中的"文字工具"按钮，在画布中绘制文本框并输入对应的文字内容。执行"窗口 > 字符"命令，在弹出的"字符"面板中对其参数进行设置后单击确定。

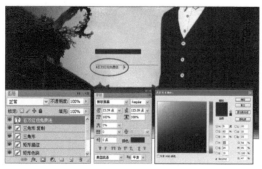

02 **优惠券文字**。按照上述方式继续进行文字效果的制作，效果如下图所示。

03 **其他文字的制作**。按照上述方式继续进行文字效果的制作。最终效果如下图所示。

4.9.2 创意望远镜

制作要点

文字效果的制作及图层样式的添加。

案例文件

案例 \ 第 4 章 \4.9.2

难易程度：★★★☆☆

创意望远镜

　　该案例是一则关于户外创意望远镜的宣传广告，通过骑行者、远山等素材来衬托出产品本身的特性。除此之外，在文字效果的制作方面还应用到了图层样式等，以此来制作出描边等特效，使文字更加多样化。

1. 制作背景

01 **新建文档。** 执行 "文件 > 新建" 命令（快捷键 Ctrl+N），在弹出的 "新建" 对话框中设置相关参数，新建一个空白文档。

02 **背景素材的添加**。执行"文件 > 打开"命令，在弹出的"打开"对话框中选择"背景 素材.png"文件，双击将其导入到文档中，并调整其在画布上的位置。

2. 装饰性素材的添加

01 **圆角矩形素材的添加**。按照上述方式继续进行"圆角矩形 素材.png"的添加，效果如下图所示。

02 **望远镜素材的添加**。按照上述方式继续进行"望远镜 素材.png"的添加，效果如下图所示。

3. 文字效果的制作

01 **"立刻订购"文字**。单击工具箱中的"文字工具"按钮，在画布中绘制文本框并输入对应的文字内容。执行"窗口 > 字符"命令，在弹出的"字符"面板中对其参数进行设置。

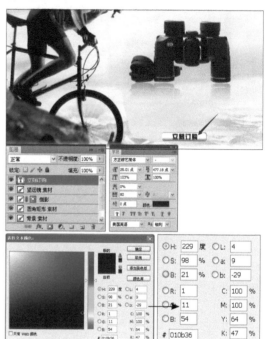

02 **内阴影效果的制作**。在"图层"面板中单击"添加图层样式"按钮，在弹出的下拉列表中选择"内阴影"选项，在弹出的"图层样式"对话框中对其参数进行设置后单击"确定"按钮。

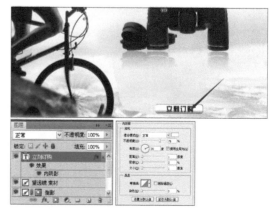

03 "更大更远"等文字。按照上述方式继续进行文字效果的制作，效果如下图所示。

04 描边效果的制作。通过添加图层样式的方式对文字进行描边效果的制作。

05 英文文字。按照上述方式继续进行文字效果的制作。效果如下图所示。

06 继续制作描边效果。通过添加图层样式的方式对文字进行描边效果的制作。效果如下图所示。

07 其他文字效果的制作。按照上述方式继续进行其他文字效果的制作。最终效果如下图所示。

4.10 图片轮播促销广告

本小节主要讲解图片轮播促销广告的制作方法，通过新店开业全场折扣及冬季新品宣传等案例的制作，使读者对该类促销广告有更为直观、形象的认识。

4.10.1 传统的轮播广告图片

制作要点

素材的灵活应用及相互搭配。

案例文件

案例 \ 第 4 章 \4.10.1

难易程度：★ ★ ★ ☆ ☆

传统的轮播广告图片

这是一则新店开业全场促销的宣传广告，在制作中需要注意的是该案例在背景素材的处理上不但应用到了融图的方法，还通过改变图层的混合模式及不透明度，来变换背景素材的效果。因此可以说素材的灵活处理，在本案例中得到了充分的展示。

1. 制作背景

01 **新建文档**。执行"文件 > 新建"命令,在弹出的"新建"对话框中设置相关参数,新建一个空白文档。

02 **背景素材的添加**。执行"文件 > 打开"命令,在弹出的"打开"对话框中选择"背景 素材.png"文件,双击将其导入到文档中,并调整其在画布上的位置。

2. 装饰性素材的添加

01 **文字素材的添加**。按照上述方式继续进行文字素材的添加。

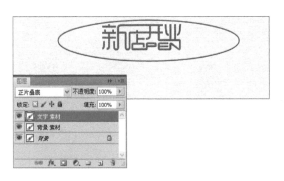

02 **底纹素材的添加**。按照上述方式继续进行底纹素材的添加,再通过添加图层蒙版并结合"画笔工具"的使用来擦除画面中底纹素材不需要作用的部分。在"图层"面板中将该图层的"混合模式"更改为"正片叠底"、"不透明度"值为 40%。效果如下图所示。

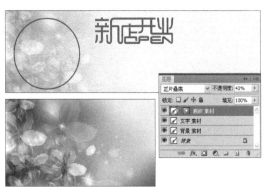

03 **继续添加底纹素材**。按照上述方式继续进行底纹素材的添加。

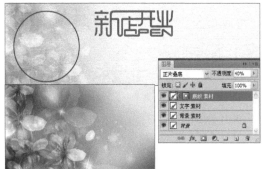

04 **对话气泡及撕边素材的添加**。按照上述方式继续进行对话气泡及撕边素材的添加。

3. 文字效果的制作

01 **"全场5折"文字。**单击工具箱中的"文字工具"按钮，在画布中绘制文本框并输入对应的文字内容。执行"窗口 > 字符"命令，在弹出的"字符"面板中对其参数进行设置。

02 **渐变叠加效果的制作。**在"图层"面板中单击"添加图层样式"按钮，在弹出的下拉列表中选择"渐变叠加"选项，在弹出的"图层样式"对话框中对其参数进行设置后单击"确定"按钮。

03 **"包邮"文字。**按照上述方式继续进行文字效果的制作。效果如下图所示。

04 **"仅限3天"文字。**按照上述方式继续进行文字效果的制作。效果如下图所示。

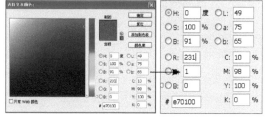

05 **投影效果的制作。**在"图层"面板中单击"添加图层样式"按钮，在弹出的下拉列表中选择"投影"选项，在弹出的"图层样式"对话框中对其参数进行设置后单击"确定"按钮。最终效果如下图所示。

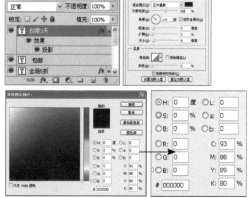

4.10.2 新品促销轮播广告图片

制作要点

图层样式的改变及圆角矩形的制作。

案例文件

案例 \ 第 4 章 \4.10.2

难易程度：★★★☆☆

新品促销轮播广告图片

　　该案例是关于冬季新品促销的轮播广告图片的制作。在制作过程中，需要注意的是图层样式的改变在该案例中的应用是比较多的，通过改变图层样式的方式来对素材进行特效的处理，使其展现出更加多样的效果，最终使整体画面具有更强的表现力及吸引力。

1. 制作背景

01 **新建文档。** 执行"文件 > 新建"命令（快捷键 Ctrl+N），在弹出的"新建"对话框中设置相关参数，新建一个空白文档。

02 背景素材的添加。执行"文件 > 打开"命令，在弹出的"打开"对话框中选择"背景 素材.png"文件，双击将其导入到文档中，并调整其在画布上的位置。

2. 装饰性素材的添加

01 色块素材的添加。按照上述方式继续进行"色块 素材.png"的添加。效果如下图所示。

02 渐变叠加效果的制作。在"图层"面板中单击"添加图层样式"按钮，在弹出的下拉列表中选择"渐变叠加"选项，在弹出的"图层样式"对话框中对其参数进行设置后单击"确定"按钮。

03 底板、文字及色块素材的添加。按照上述方式继续进行底板、文字及色块素材的添加。效果如下图所示。

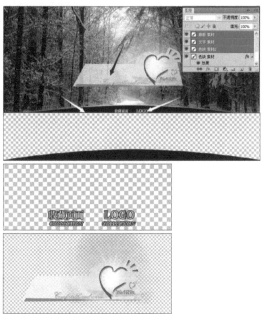

04 圆角矩形色块的制作。新建图层后，用"圆角矩形工具"在画布中勾勒出圆角矩形闭合路径，转换为选区后将"前景色"设置为红色，按下快捷键 Alt+Delete 进行填充，效果如下图所示。

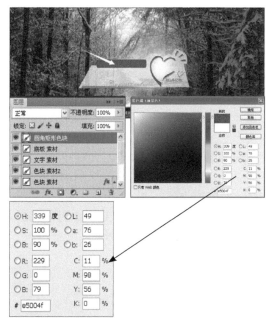

05 **矩形色块的制作**。新建图层后，用"矩形选框工具"在画布中绘制出矩形选区，将"前景色"设置为红色后按下快捷键 Alt+Delete 进行填充即可。

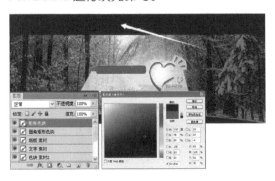

3. 文字效果的制作

01 **"这个冬天很"文字**。单击工具箱中的"文字工具"按钮，在画布中绘制文本框并输入对应的文字内容。执行"窗口 > 字符"命令，在弹出的"字符"面板中对其参数进行设置。

02 **投影、描边效果的制作**。在"图层"面板中单击"添加图层样式"按钮，在弹出的下拉列表中分别选择"投影"和"描边"选项，在弹出的"图层样式"对话框中对其参数进行设置后单击"确定"按钮。

03 **"给你准备了冬天的温暖"文字**。按照上述方式继续进行文字效果的制作，效果如下图所示。

04 **"温暖"文字**。按照上述方式继续进行文字效果的制作，并通过添加图层样式的方式为文字制作投影及描边效果。最终效果如下图所示。

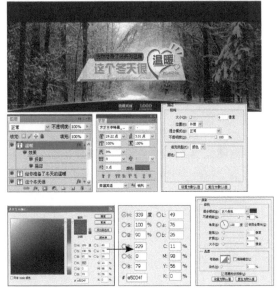

4.11 图文并茂的店招

本小节主要讲解店招图片的制作，通过彩妆、卫浴等各种店招图片制作案例的讲解，使读者对具体的设计过程有更为详尽的了解。

4.11.1 常规店招

常规店招

制作要点

素材的置入及色相/饱和度的调整。

案例文件

案例 \ 第 4 章 \4.11.1

难易程度：★★★★★

该案例关于彩妆的店招设计。在制作时采用了图文并茂的方式来体现该店铺的特征。除此之外，素材的添加及色调的巧妙处理也可作为本案例中的重点知识来了解。

1. 制作背景

新建文档。执行"文件 > 新建"命令（快捷键 Ctrl+N），在弹出的"新建"对话框中设置相关参数，新建一个空白文档。

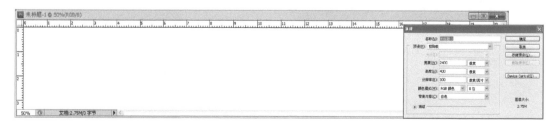

2. 装饰性素材的添加

01 **人像素材的添加**。执行 "文件 > 打开" 命令，在弹出的 "打开" 对话框中选择 "人像 素材.png" 文件，双击将其导入到文档中，并调整其在画布上的位置。

02 **圆形色块的制作**。新建图层后，用 "圆形选框工具" 在画布中绘制出圆形选区，将 "前景色" 设置为紫色后按下快捷键 Alt+Delete 进行填充。

03 **圆形色块 2 的制作**。按照上述方式继续进行圆形色块的制作。

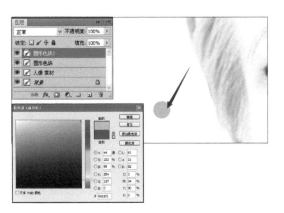

04 **圆形色块 3 的制作**。按照上述方式继续进行圆形色块的制作。

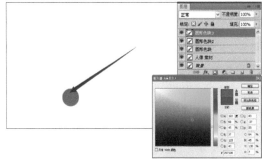

05 **矩形色块的制作**。单击工具箱中的 "矩形选框工具" 按钮，在画布中绘制矩形选区。将 "前景色" 设置为青色后按下快捷键 Alt+Delete 进行填充。

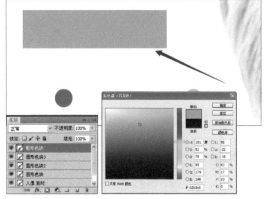

06 **暗边的制作**。新建图层后，单击工具箱中的 "渐变工具" 按钮，在属性栏中单击 "点按可编辑渐变" 按钮，在弹出的 "渐变编辑器" 对话框中，设置相关参数，对图像边缘部分进行渐变处理，再将该图层的 "不透明度" 值调整为 50%。

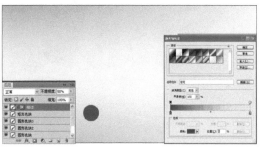

3. 文字效果的制作

01 **"SAL"文字**。单击工具箱中的"文字工具"按钮，在画布中绘制文本框并输入对应的文字内容。执行"窗口 > 字符"命令，在弹出的"字符"面板中对其参数进行设置。

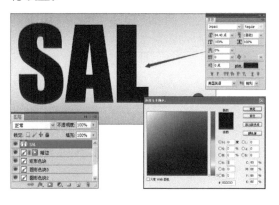

02 **底纹素材的添加**。执行"文件 > 打开"命令，在弹出的"打开"对话框中选择"底纹 素材.png"文件，双击将其导入到文档中，并调整其在画布上的位置，再通过创建剪贴蒙版的方式将该素材置入目标图层中。

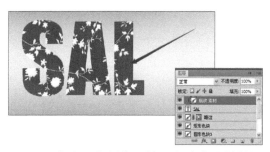

03 **字母 E 的制作**。按照上述方式继续进行文字效果的制作。效果如下图所示。

04 **继续添加底纹素材**。继续为字母 E 添加底纹素材，并将素材置入目标图层中。

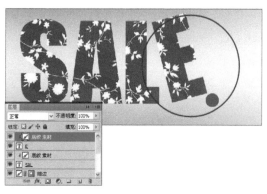

05 **色相 / 饱和度的调整**。单击"图层"面板下方的"创建新的填充或者调整图层"按钮，在弹出的下拉列表中选择"色相 / 饱和度"选项，对其参数进行设置，并将素材置入目标图层中。

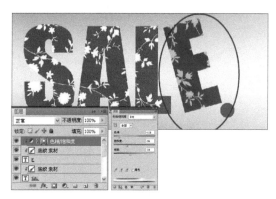

06 **其他文字效果的制作**。继续制作其他的文字效果。最终效果如下图所示。

4.11.2 通栏店招

制作要点

素材的灵活处理及图层样式的添加。

案例文件

案例 \ 第 4 章 \4.11.2

难易程度：★★★★★

1. 制作背景

通栏店招

　　该案例是关于智能卫浴的通栏店招的设计制作，在制作时选择以蓝色作为主色调，旨在突出产品本身的特征。在素材的处理上还应用到了图层混合模式的变换，使素材呈现出了不同的效果。另外，色块的制作及图层样式的变化也可作为该案例中的重点知识来学习。

01 **新建文档**。执行"文件 > 新建"命令（快捷键 Ctrl+N），在弹出的"新建"对话框中设置相关参数，新建一个空白文档。

02 **渐变背景的制作。** 新建图层后，单击工具箱中的 "渐变工具" 按钮，在属性栏中单击 "点按可编辑渐变" 按钮，在弹出的 "渐变编辑器" 对话框中，设置相关参数，对新建图层进行渐变处理。

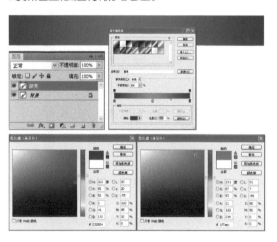

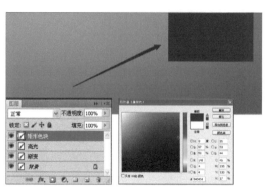

2. 装饰性素材的添加

01 **高光效果的制作。** 新建图层后，用 "圆形选框工具" 绘制出圆形选区，羽化后将 "前景色" 设置为白色并进行填充。接下来按下快捷键 Ctrl+D 取消选区，并将该图层的 "不透明度" 值调整为 48%。效果如下图所示。

03 **心形的制作。** 新建图层后，用 "自定形状工具" 中的心形勾勒出下图所示的闭合路径，转换为选区后将 "前景色" 设置为白色进行填充。效果如下图所示。

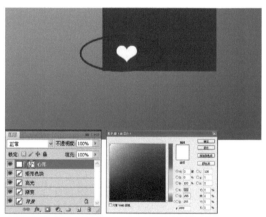

04 **异形色块的制作。** 新建图层后，用 "钢笔工具" 勾勒出下图所示的闭合路径，转换为选区后将 "前景色" 设置为蓝色进行填充，效果如下图所示。

02 **矩形色块的制作。** 新建图层后，用 "矩形选框工具" 绘制出矩形选区，将 "前景色" 设置为红色后按下快捷键 Alt+Delete 进行填充。效果如右上图所示。

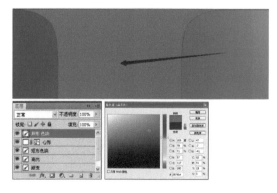

05 **投影效果的添加。**在"图层"面板中单击"添加图层样式"按钮，在弹出的下拉列表中选择"投影"选项，在弹出的"图层样式"对话框中对其参数进行设置后单击"确定"按钮。

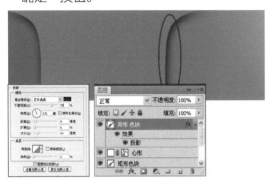

06 **外发光效果的添加。**按照上述方式继续进行外发光效果添加。

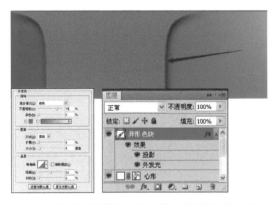

07 **线条的制作。**首先用"矩形选框工具"制作一个黄色的矩形色块，再通过添加图层蒙版并结合"画笔工具"的使用对色块的两端进行渐变处理，效果如下图所示。

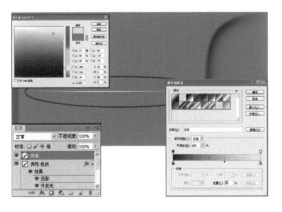

08 **矩形色块2的制作。**新建图层后，用"矩形选框工具"绘制出矩形选区，将"前景色"设置为黑色后按下快捷键 Alta+delete 进行填充。效果如下图所示。

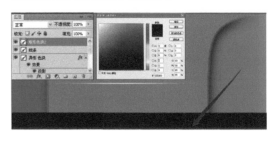

09 **水管素材的添加。**执行"文件＞打开"命令，在弹出的"打开"对话框中选择"水管 素材.png"文件，双击将其导入到文档中，并调整其在画布上的位置，并将该素材的"混合模式"更改为"正片叠底"。

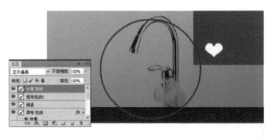

3. 文字效果的制作

01 **"好礼等你拿"文字。**单击工具箱中的"文字工具"按钮，在画布中绘制文本框并输入对应的文字内容。执行"窗口＞字符"命令，在弹出的"字符"面板中对其参数进行设置。

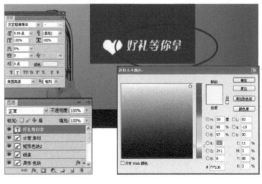

02 "洁具专家 专业制造"文字。按照上述方式继续进行文字效果制作。

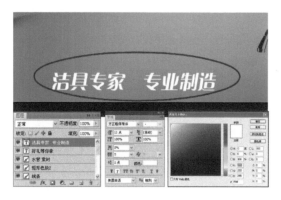

03 投影效果的添加。在"图层"面板中单击"添加图层样式"按钮,在弹出的下拉列表中选择"投影"选项,在弹出的"图层样式"对话框中对其参数进行设置后单击"确定"按钮。

04 "智能卫浴领先品牌"文字。单击工具箱中的"文字工具"按钮,在画布中绘制文本框并输入对应的文字内容。执行"窗口 > 字符"命令,在弹出的"字符"面板中对其参数进行设置。

05 投影效果的添加。在"图层"面板中单击"添加图层样式"按钮,在弹出的下拉列表中选择"投影"选项,在弹出的"图层样式"对话框中对其参数进行设置后单击"确定"按钮。

06 其他文字效果的制作。继续制作其他的文字效果。效果如下图所示。

07 曲线的调整。单击"图层"面板下方的"创建新的填充或者调整图层"按钮,在弹出的下拉列表中选择"曲线"选项,对其参数进行设置,并将该图层的"不透明度"值调整为52%。

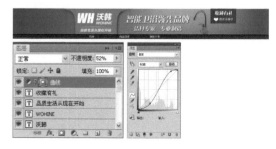

4.11.3 制作店招图片

制作要点

文字效果的制作。

案例文件

案例 \ 第 4 章 \4.11.3

难易程度：★★★★☆

制作店招图片

　　该案例是简单的店招图片的设计制作。在制作时选择以红色与白色作为主色调，通过具有代表性素材的添加及文字效果的制作等，最终使整体效果显得清新而简约。

1. 制作背景

01 **新建文档**。执行"文件 > 新建"命令（快捷键 Ctrl+N），在弹出的"新建"对话框中设置相关参数，新建一个空白文档。

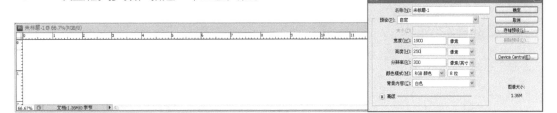

02 **纯色背景的制作**。新建图层后，将"前景色"设置为红色，按下快捷键 Alt+Delete 进行填充。

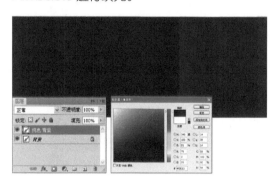

2. 装饰性素材的添加

01 **雪地素材的添加**。执行"文件 > 打开"命令，在弹出的"打开"对话框中选择"雪地 素材.png"文件，双击将其导入到文档中，并调整其在画布上的位置。

02 **雪房子素材的添加**。执行"文件 > 打开"命令，在弹出的"打开"对话框中选择"雪房子 素材.png"文件，双击将其导入到文档中，并调整其在画布上的位置。

03 **雪人素材的添加**。按照上述方式继续添加雪人素材，效果如下图所示。

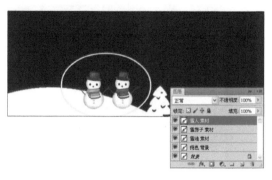

3. 文字效果的制作

01 **"本店"文字**。单击工具箱中的"文字工具"按钮，在画布中绘制文本框并输入对应的文字内容。执行"窗口 > 字符"命令，在弹出的"字符"面板中对其参数进行设置。

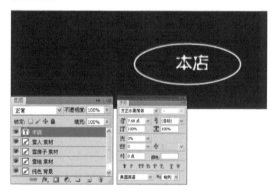

02 **其他文字效果的制作**。按照上述方式继续制作其他的文字效果。最终效果如下图所示。

4.11.4 制作店招动画

制作店招动画

　　该案例是关于网上批发商城的店招的设计制作，在制作时除了颜色的搭配及各种形状色块的绘制外，将重点放在了文字效果的制作上。

1. 制作背景

01 **新建文档**。执行"文件 > 新建"命令（快捷键 Ctrl+N），在弹出的"新建"对话框中设置相关参数，新建一个空白文档。

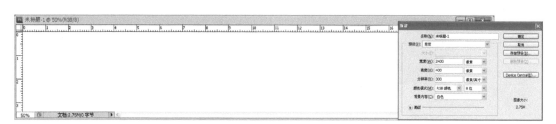

02 **纯色背景的制作**。新建图层后，将"前景色"设置为褐色，按下快捷键 Alt+Delete 进行填充。

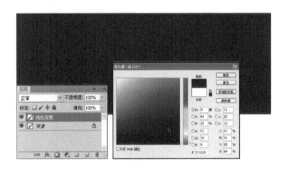

2. 装饰性素材的添加

01 **花瓣形状的制作**。新建图层后，用"自定形状工具"中的花瓣形状勾勒出下图所示的闭合路径，转换为选区后将"前景色"设置为橘色进行填充，效果如下图所示。

02 **投影效果的添加**。在"图层"面板中单击"添加图层样式"按钮，在弹出的下拉列表中选择"投影"选项，在弹出的"图层样式"对话框中对其参数进行设置后单击"确定"按钮。

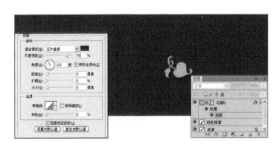

03 **其他形状的制作**。按照上述方式首先制作出需要的色块，再通过添加图层样式的方式为其制作出投影的效果，效果如下图所示。

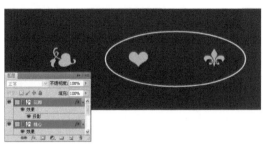

04 **矩形色块的制作**。新建图层后，用"矩形选框工具"绘制出矩形选区，将"前景色"设置为红色后按下快捷键 Alt+Delete 进行填充，效果如下图所示。

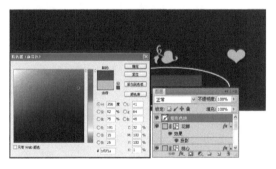

05 **矩形色块 2 的制作**。按照上述方式继续制作矩形色块 2，并在"图层"面板中单击"添加图层样式"按钮，在弹出的下拉列表中选择"渐变叠加"选项，在弹出的"图层样式"对话框中对其参数进行设置后单击"确定"按钮。

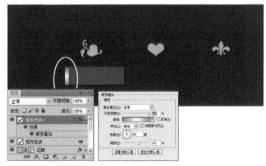

06 **复制矩形色块2**。复制矩形色块2，并将其调整至画布右侧，效果如下图所示。

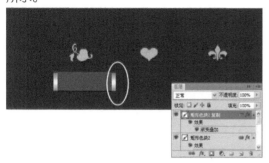

07 **复制矩形色块**。复制制作好的矩形色块部分，并将其调整至画布的右侧，效果如下图所示。

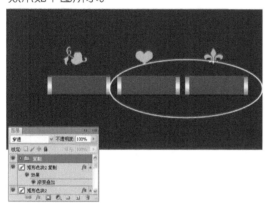

08 **异形色块的制作**。新建图层后，用"钢笔工具"勾勒出下图所示的闭合路径，转换为选区后将"前景色"设置为黄色进行填充，效果如下图所示。

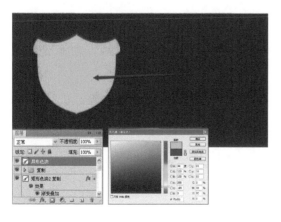

09 **异形色块2的制作**。按照上述方式继续进行异形色块2的制作。

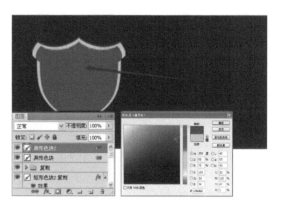

10 **线条的制作**。首先用"矩形选框工具"制作一个黄色的矩形色块，再通过添加图层蒙版并结合"画笔工具"的使用对色块的两端进行渐变的处理，效果如下图所示。

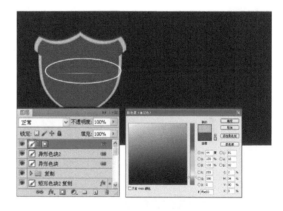

11 **锯齿色块的制作**。新建图层后，用"钢笔工具"勾勒出下图所示的闭合路径，转换为选区后将"前景色"设置为深黄色进行填充，效果如下图所示。

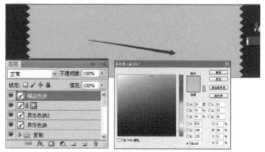

12 **投影效果的添加**。在"图层"面板中单击"添加图层样式"按钮，在弹出的下拉列表中选择"投影"选项，在弹出的"图层样式"对话框中对其参数进行设置后单击"确定"按钮。

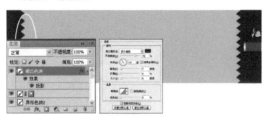

3. 文字效果的制作

01 **"值得信赖"文字**。单击工具箱中的"文字工具"按钮，在画布中绘制文本框并输入对应的文字内容。执行"窗口 > 字符"命令，在弹出的"字符"面板中对其参数进行设置。

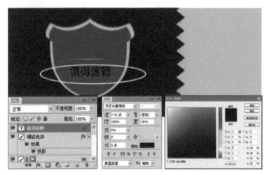

02 **渐变叠加效果的添加**。在"图层"面板中单击"添加图层样式"按钮，在弹出的下拉列表中选择"渐变叠加"选项，在弹出的"图层样式"对话框中对其参数进行设置后单击"确定"按钮。

03 **"品质保证"文字**。按照上述方式制作文字后通过添加图层样式的方式为该文字制作渐变叠加的效果，再通过变形文字使其呈现出向下的弧线走向。

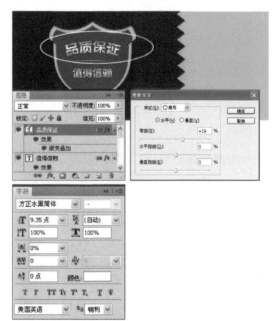

04 **其他文字效果的制作**。按照上述方式继续制作其他文字。最终效果如下图所示。

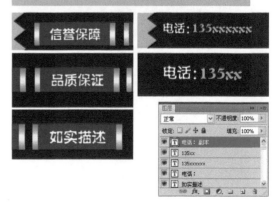

第 5 章

案例详解之工种有别

本章主要讲解淘宝店铺装修中常用的一些方式，例如文字的应用、插图的设计、合成的制作及色彩的巧妙搭配等。

5.1 文字也是美工

本小节主要讲解在平面设计中文字效果的制作及样式的变换，通过笔记本电脑促销、可口零食促销及羽绒马甲等促销具体案例的设计制作，使读者对文字的制作有更为详尽的了解。

5.1.1 字体的搭配与布局

制作要点

椭圆形色块的制作。

案例文件

案例 \ 第 5 章 \5.1.1
难易程度：★ ★ ★ ☆ ☆

字体的搭配与布局

本案例是一则关于笔记本电脑促销的宣传广告，除了素材的添加及文字效果的制作等，还介绍了快速制作高光效果的方法，即通过确定选区、进行适当的羽化后将其填充为白色。

1. 制作背景

01 **新建文档**。执行"文件 > 新建"命令，在弹出的"新建"对话框中设置相关参数，新建一个空白文档。

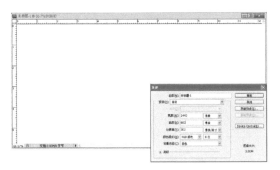

02 **背景素材的添加**。执行"文件 > 打开"命令，在弹出的"打开"对话框中选择"背景 素材.png"文件，双击鼠标右键将其导入到文档中，并调整其在画布上的位置。

2. 装饰性素材的添加

01 **太阳伞素材的添加**。按照上述方式继续进行太阳伞素材的添加，效果如下图所示。

02 **绿叶素材的添加**。按照上述方式继续添加"绿叶 素材.png"到画布中，效果如下图所示。

03 **椭圆色块的制作**。新建图层后，用"圆形选框工具"在画布中绘制出椭圆形的选区。执行"选择 > 修改 > 羽化"命令，在弹出的"羽化选区"对话框中对羽化参数进行设置后单击"确定"按钮，然后将"前景色"设置为白色，按下快捷键进行填充。

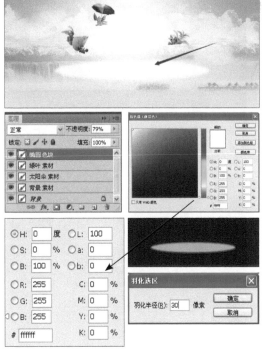

04 **底板素材的添加。** 按照上述方式继续进行底板素材的添加。

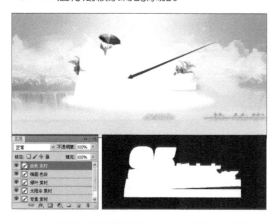

05 **描边素材的添加。** 在"图层"面板中单击"添加图层样式"按钮，在弹出的下拉列表中选择"描边"选项，在弹出的"图层样式"对话框中对其参数进行设置后单击"确定"按钮。

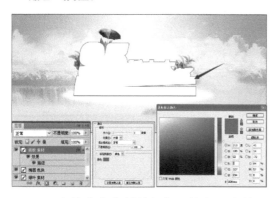

06 **主体文字素材的添加。** 执行"文件 > 打开"命令，在弹出的"打开"对话框中选择"主体文字 素材.png"文件，双击鼠标右键将其导入到文档中，并调整其在画布上的位置。

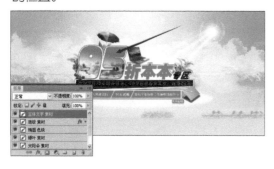

07 **飞鸟素材的添加。** 按照上述方式继续进行飞鸟素材的添加，并将该图层的"不透明度值"改为38%，效果如下图所示。

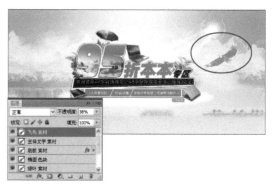

08 **飞鸟素材 2 的添加。** 按照上述方式继续进行飞鸟素材 2 的添加，并将该图层的"不透明度"值改为53%，效果如下图所示。

5.1.2 字体在画布中的应用

制作要点

文字效果的制作及色彩的搭配。

案例文件

案例 \ 第 5 章 \5.1.2

难易程度：★★★★★

字体在画布中的应用

　　该案例是一则关于淘宝店铺收藏返券及好评返现的宣传广告，在具体操作过程中，除了色块的制作以外，将重点放在了文字效果的制作上。除此之外，在颜色的搭配上选择了以蓝色、绿色为主背景色并配合白色的文字效果，给人以清爽、简约的视觉感受。

1. 制作背景

　　新建文档。执行"文件 > 新建"命令（快捷键 Ctrl+N），在弹出的"新建"对话框中设置相关参数，新建一个空白文档。

2. 装饰性素材的添加

01 **矩形色块的制作。**新建图层后，用"矩形选框工具"在画布中绘制出矩形选区，将"前景色"设置为绿色后按下快捷键 Alt+Delete 进行填充，效果如下图所示。

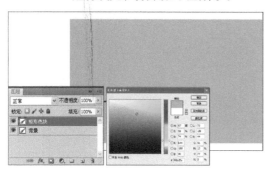

02 **网纹素材的添加。**执行"文件 > 打开"命令，在弹出的"打开"对话框中选择"网纹 素材.png"文件，双击鼠标右键将其导入到文档中，并调整其在画布上的位置。

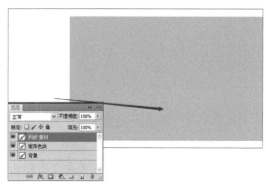

03 **四边形色块的制作。**新建图层后，用"钢笔工具"在画布中勾勒出四边形的闭合路径，转换为选区后将"前景色"设置为白色，并按下快捷键 Alt+Delete 进行填充。

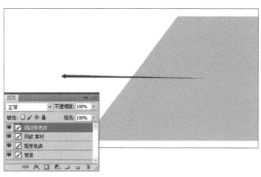

04 **四边形色块 2 的制作。**按照上述方式继续进行四边形色块的制作，效果如下图所示。

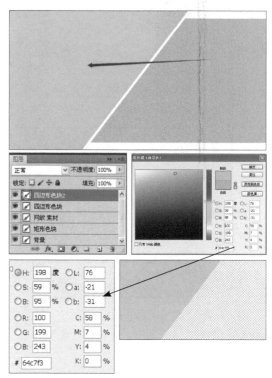

05 **网纹素材 2 的添加。**执行"文件 > 打开"命令，在弹出的"打开"对话框中选择"网纹 素材 2.png"文件，双击将其导入到文档中，并调整其在画布上的位置。

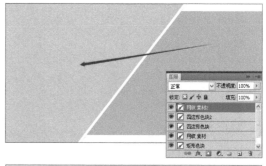

06 **虚线素材的添加**。执行"文件 > 打开"命令，在弹出的"打开"对话框中选择"虚线 素材.png"文件，双击鼠标右键将其导入到文档中，并调整其在画布上的位置。

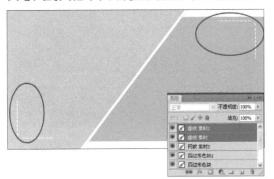

07 **三角形色块的制作**。新建图层后，用"钢笔工具"在画布中勾勒出三角形的闭合路径，转换为选区后将"前景色"设置为白色，并按下快捷键 Alt+Delete 进行填充。

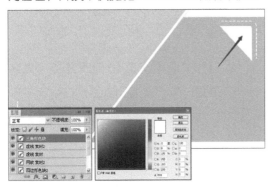

08 **矩形色块2的制作**。新建图层后，用"矩形选框工具"在画布中绘制出矩形选区，将"前景色"设置为白色后按下快捷键 Alt+Delete 进行填充，效果如下图所示。

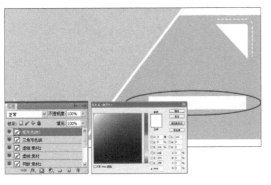

09 **礼物素材的添加**。执行"文件 > 打开"命令，在弹出的"打开"对话框中选择"礼物 素材.png"文件，双击鼠标右键将其导入到文档中，并调整其在画布上的位置。

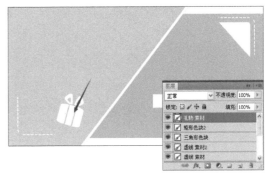

10 **矩形色块 3 的制作**。按照上述方式继续进行矩形色块 3 的制作。

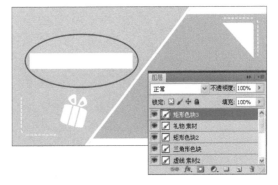

3. 文字效果的制作

01 **制作"收藏有礼"文字效果**。单击工具箱中的"文字工具"按钮，在画布中绘制文本框并输入对应的文字内容。执行"窗口 > 字符"命令，在弹出的"字符"面板中对其参数进行设置。

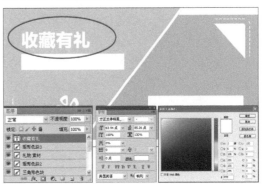

02 制作"礼尚往来"文字效果。按照上述方式继续进行文字效果的制作，效果如下图所示。

03 制作英文文字（1）效果。按照上述方式继续进行文字效果的制作。效果如下图所示。

04 制作英文文字（2）效果。按照上述方式继续进行文字效果的制作，效果如下图所示。

05 制作"购物好评返现 15 元"文字效果。按照上述方式继续进行文字效果的制作。

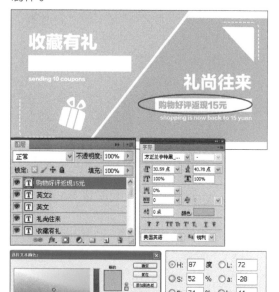

06 制作"收藏再送 10 元优惠券"文字效果。按照上述方式继续进行文字效果的制作。最终效果如下图所示。

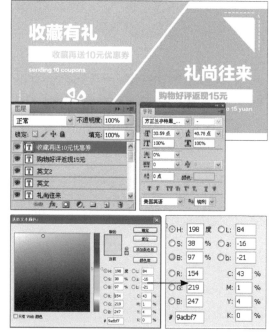

5.1.3 可口零食的广告文字设计

制作要点

颜色的搭配及文字效果的制作。

案例文件

案例\第 5 章\5.1.3

难易程度：★★★★★

可口零食的广告文字设计

该案例是一则关于可口零食的宣传广告的制作。在具体制作过程中，为了体现产品本身的特性，选择了以蓝、黄、红 3 个明度较高的颜色作为背景色，并配合白色的文字效果及可爱风格的装饰性素材，使整体画面极大地吸引了广大消费者的眼球。

1. 制作背景

01 **新建文档**。执行"文件 > 新建"命令（快捷键 Ctrl+N），在弹出的"新建"对话框中设置相关参数，新建一个空白文档。

02 纯色背景的制作。新建图层后，将"前景色"设置为湖蓝色，按下快捷键 Alt+Delete 进行填充，效果如下图所示。

2. 装饰性素材的添加

01 圆角矩形色块的制作。新建图层后，用"圆角矩形工具"在画布中勾勒出圆角矩形路径，转换为选区后将"前景色"设置为灰色再按下快捷键 Alt+Delete 进行填充，效果如下图所示。

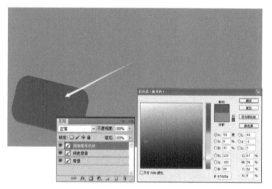

02 描边效果的制作。在"图层"面板中单击"添加图层样式"按钮，在弹出的下拉列表中选择"描边"选项，在弹出的"图层样式"对话框中对其参数进行设置后单击"确定"按钮。

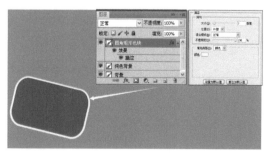

03 饼干素材的添加。执行"文件 > 打开"命令，在弹出的"打开"对话框中选择"饼干 素材.png"文件，双击鼠标右键将其导入到文档中，并调整其在画布上的位置。执行"图层 > 创建剪贴蒙版"命令，将所选图层置入目标图层中，效果如下图所示。

04 矩形色块的制作。新建图层后，用"矩形选框工具"在画布中绘制出矩形选区后，将"前景色"设置为红色，按下快捷键 Alt+Delete 进行填充，效果如下图所示。

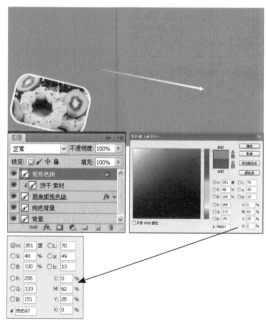

05 **圆角矩形色块 2 的制作**。按照上述方式继续进行圆角矩形色块 2 的制作，再通过添加图层样式的方式对文字进行描边效果的制作，效果如下图所示。

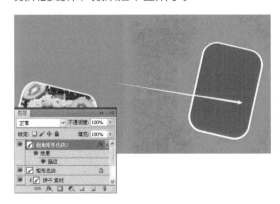

06 **奶茶产品的添加**。执行"文件 > 打开"命令，在弹出的"打开"对话框中选择"奶茶产品.png"文件，双击鼠标右键将其导入到文档中，并调整其在画布上的位置。

07 **文字效果的添加**。按照上述方式继续进行文字素材的添加。效果如下图所示。

08 **四边形色块的制作**。新建图层后用"钢笔工具"在画布中绘制出四边形的闭合路径，转换为选区后将"前景色"设置为黄色，按下快捷键 Alt+Delete 进行填充。

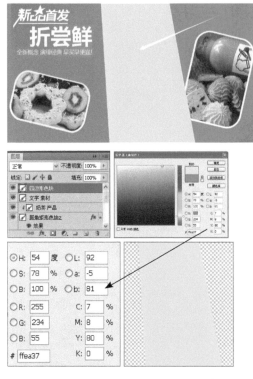

09 **边线素材的添加**。按照上述方式继续进行边线素材的添加，效果如下图所示。

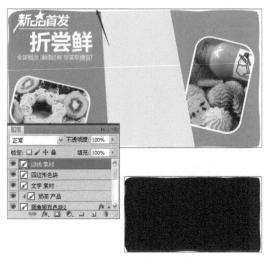

10 **卡通图案及花朵素材的添加。**按照上述方式继续进行卡通图案及花朵素材的添加。

11 **圆角矩形色块 3 的制作。**按照上述方式继续进行圆角矩形色块 3 的制作，并通过添加图层样式的方式为该色块进行描边效果的制作，效果如下图所示。

12 **糖果素材的添加。**按照上述方式继续添加糖果素材，并执行"图层＞创建剪贴蒙版"命令，将所选图层置入目标图层中，效果如下图所示。

3. 文字效果的制作

01 **制作"7"字效果。**单击工具箱中的"文字工具"按钮，在画布中绘制文本框并输入对应的文字内容。执行"窗口＞字符"命令，在弹出的"字符"面板中对其参数进行设置。

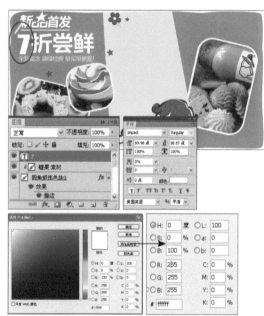

02 **其他文字效果的制作。**按照上述方式继续进行文字效果的制作。最终效果如下图所示。

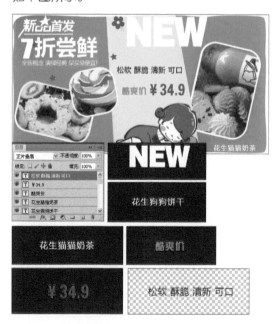

5.1.4 御寒神器的广告文字设计

制作要点

文字效果的制作及图层样式的变换。

案例文件

案例 \ 第 5 章 \5.1.4

难易程度：★★★★☆

御寒神器的广告文字设计

　　该案例是一则关于冬季男装羽绒马甲的促销广告。为了体现产品本身的特性，在制作过程中，首先选择了以低饱和度的冰雪世界作为背景素材，以此衬托红色羽绒马甲本身的抗寒保暖；在文字的处理上则以白色为主，并进行投影效果的添加，使其与整体画面很好地融为一体。

1. 制作背景

01 **新建文档。**执行"文件 > 新建"命令（快捷键 Ctrl+N），在弹出的"新建"对话框中设置相关参数，新建一个空白文档。

02 **背景素材的添加。** 执行"文件 > 打开"命令，在弹出的"打开"对话框中选择"背景 素材.png"文件，双击鼠标右键将其导入到文档中，并调整其在画布上的位置。

2. 装饰性素材的添加

01 **文字素材的添加。** 按照上述方式继续进行文字素材的添加，并在"图层"面板中单击"添加图层样式"按钮，在弹出的下拉列表中分别选择"投影"和"内阴影"等选项，在弹出的"图层样式"对话框中对其参数进行设置后单击"确定"按钮。

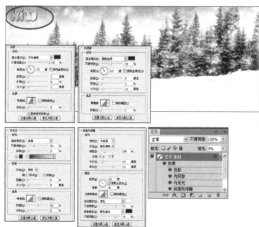

02 **文字素材 2 的添加。** 按照上述方式继续进行文字素材 2 的添加，并制作投影效果。

03 **羽绒背心素材的添加。** 按照上述方式继续进行羽绒背心素材的添加。

3. 文字效果的制作

01 **制作"秋冬系列"文字效果。** 单击工具箱中的"文字工具"按钮，在画布中绘制文本框并输入对应的文字内容。执行"窗口 > 字符"命令，在弹出的"字符"面板中对其参数进行设置。

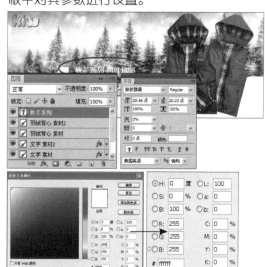

02 投影效果的制作。在"图层"面板中单击"添加图层样式"按钮，在弹出的下拉列表中选择"投影"选项，在弹出的"图层样式"对话框中对其参数进行设置后单击"确定"按钮。

03 制作"全场折扣"等文字效果。按照上述方式继续进行文字效果的制作，效果如下图所示。

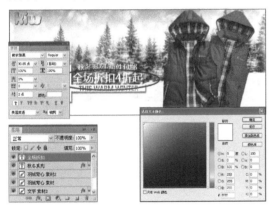

04 投影效果的制作。按照上述方式继续对文字进行投影效果的制作。

05 制作"抗寒保暖"文字效果。按照上述方式继续进行文字效果的制作，并通过添加图层样式的方式为该文字制作投影效果。

06 制作"年终大促"文字效果。按照上述方式继续进行文字效果的制作，并通过添加图层样式的方式制作出投影、内阴影等效果。最终效果如下图所示。

5.2 插图设计

本小节主要讲解插图设计的相关知识，在制作过程中通过团体服装的专业订制页面、戏曲前期宣传页面、床上新品特惠、美容护肤产品页面及美食宣传页面的设计等实际案例，使读者对插图设计有更为直观的认识。

5.2.1 运动派

制作要点

融图效果的制作及文字效果的制作。

案例文件

案例 \ 第 5 章 \5.2.1

难易程度：★★★★☆

运动派

这是一则关于服装团体订制的宣传广告。在具体制作过程中，涉及融图效果的制作，其中包括人像的添加等，通过图层蒙版的添加、"画笔工具"的应用，使素材与背景完美地结合在了一起。

1. 制作背景

01 **新建文档**。执行"文件 > 新建"命令，在弹出的"新建"对话框中设置相关参数，新建一个空白文档。

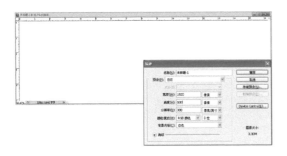

02 **背景素材的添加**。执行"文件 > 打开"命令，在弹出的"打开"对话框中选择"背景 素材.png"文件，双击鼠标右键将其导入到文档中，并调整其在画布上的位置。

2. 装饰性素材的添加

01 **人像素材的添加**。按照上述方式继续进行人像素材的添加，通过添加图层蒙版并结合"画笔工具"的使用，擦除画面中不需要作用的部分即可。

02 **马赛克素材的添加**。按照上述方式继续进行马赛克素材的添加。效果如下图所示。

03 **手绘素材的添加**。按照上述方式继续进行手绘素材的添加。

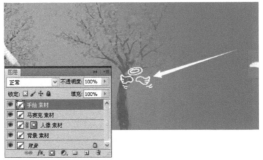

3. 文字效果的制作

01 **制作"SCHOOL"文字效果**。单击工具箱中的"文字工具"按钮，在画布中绘制文本框并输入对应的文字内容，执行"窗口 > 字符"命令，在弹出的"字符"面板中对其参数进行设置。

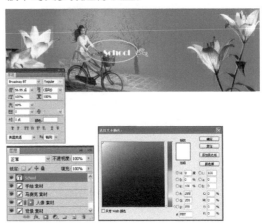

02 制作"I am"等英文文字效果。按照上述方式继续进行文字效果的制作。

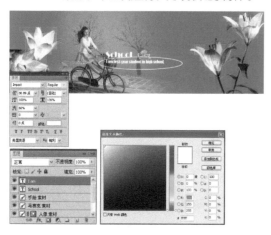

03 制作产品介绍文字效果。按照上述方式继续进行文字效果的制作。

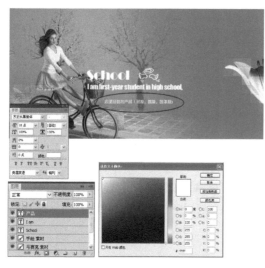

04 制作"专业订制"文字效果。按照上述方式继续进行文字效果的制作。

05 制作"T-SHIRE"文字效果。按照上述方式继续进行文字效果的制作。

06 投影效果的制作。在"图层"面板中单击"添加图层样式"按钮，在弹出的下拉列表中选择"投影"选项，在弹出的"图层样式"对话框中对其参数进行设置后单击"确定"按钮。最终效果如下图所示。

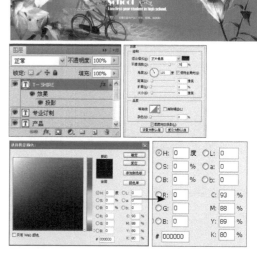

5.2.2 中老年系列

制作要点

文字效果的制作及图层样式的变换。

案例文件

案例 \ 第 5 章 \5.2.2

难易程度：★ ★ ★ ☆ ☆

中老年系列

　　该案例是一则关于戏曲的前期宣传广告，在制作过程中涉及各个素材的添加及文字效果的制作等。其中，需要格外注意的是素材的处理，可以通过改变图层的混合模式及不透明度等，使其呈现出不同的视觉效果。

1. 制作背景

01 **新建文档**。执行 "文件 > 新建" 命令（快捷键 Ctrl+N），在弹出的 "新建" 对话框中设置相关参数，新建一个空白文档。

02 **纯色背景的制作**。新建图层后，将"前景色"设置为黑色，按下快捷键 Alt+Delete 进行填充。

2. 装饰性素材的添加

01 **底纹素材的添加**。执行"文件 > 打开"命令，在弹出的"打开"对话框中选择"底纹 素材.png"文件，双击鼠标右键将其导入到文档中，并调整其在画布上的位置，并将该图层的"不透明度"值更改为 31%。

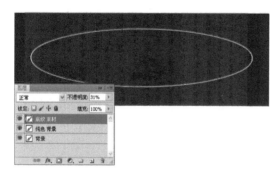

02 **暗边素材的添加**。按照上述方式继续进行暗边素材的添加。

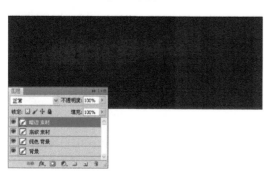

03 **印章及底板素材的添加**。按照上述方式继续进行印章及底板等素材的添加，效果如下图所示。

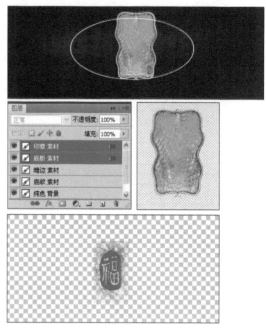

04 **脸谱及底边素材的添加**。继续添加脸谱及底边素材，并将脸谱图层的"不透明度"值更改为 15%。

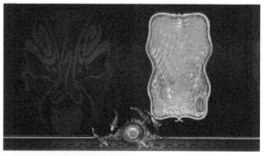

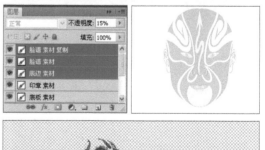

05 立即抢购素材的添加。按照上述方式继续进行立即抢购素材的添加，效果如下图所示。

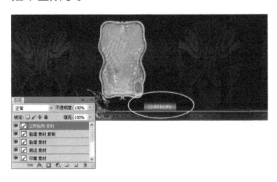

06 投影效果的制作。在"图层"面板中单击"添加图层样式"按钮，在弹出的下拉列表中选择"投影"选项，在弹出的"图层样式"对话框中对其参数进行设置后单击"确定"按钮。

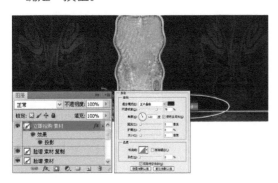

07 制作"开年大戏"等文字效果。单击工具箱中的"文字工具"按钮，在画布中绘制文本框并输入对应的文字内容。执行"窗口 > 字符"命令，在弹出的"字符"面板中对其参数进行设置。

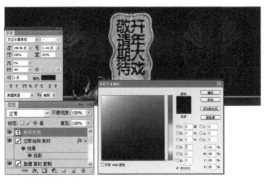

08 图案叠加效果的制作。在"图层"面板中单击"添加图层样式"按钮，在弹出的下拉列表中选择"图案叠加"选项，在弹出的"图层样式"对话框中对其参数进行设置后单击"确定"按钮。

09 描边效果的制。在"图层"面板中单击"添加图层样式"按钮，在弹出的下拉列表中选择"描边"选项，在弹出的"图层样式"对话框中对其参数进行设置后单击"确定"按钮。最终效果如下图所示。

5.2.3 生活家居

制作要点

色彩的搭配及文字效果的制作。

案例文件

案例 \ 第 5 章 \5.2.3

难易程度：★★★★☆

生活家居

　　该案例是一则关于床上用品新品特惠的宣传广告。在制作时首先选择以白色作为背景色，再进行产品素材的添加，使整体页面以蓝白色为主色调；配合黑色的主题文字，使画面看起来更加清爽、简约。

1. 制作背景

01 **新建文档**。执行"文件 > 新建"命令（快捷键 Ctrl+N），在弹出的"新建"对话框中设置相关参数，新建一个空白文档。

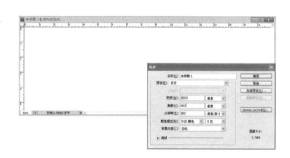

02 **背景素材的添加**。执行"文件 > 打开"命令，在弹出的"打开"对话框中选择"背景 素材.png"文件，双击鼠标右键将其导入到文档中，并调整其在画布上的位置。

2. 装饰性素材的添加

01 **花纹素材的添加**。按照上述方式继续进行花纹素材的添加，效果如下图所示。

02 **印泥素材的添加**。按照上述方式继续进行印泥素材的添加，效果如下图所示。

03 **产品素材的添加**。按照上述方式继续进行产品素材的添加，效果如右上图所示。

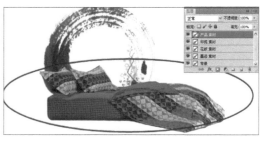

3. 文字效果的制作

01 **制作"八"字效果**。单击工具箱中的"文字工具"按钮，在画布中绘制文本框并输入对应的文字内容。执行"窗口 > 字符"命令，在弹出的"字符"面板中对其参数进行设置。

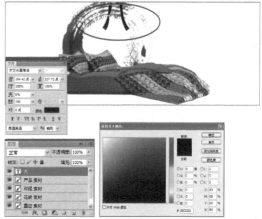

02 **制作"十五"字效果**。按照上述方式继续进行文字效果的制作，效果如下图所示。

03 制作"月"字效果。按照上述方式继续进行文字效果的制作，效果如下图所示。

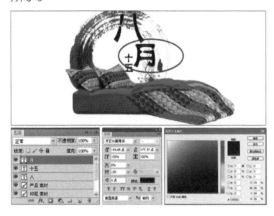

04 制作"哇卡哇卡"文字效果。按照上述方式继续进行文字效果的制作，效果如下图所示。

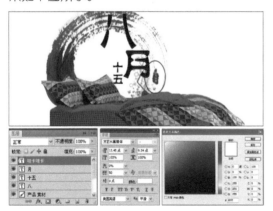

05 制作"相约在八月"文字效果。按照上述方式继续进行文字效果的制作，效果如下图所示。

06 制作备注文字效果。按照上述方式继续进行文字效果的制作，效果如下图所示。

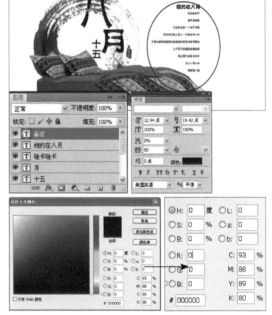

07 渐变叠加效果的制作。在"图层"面板中单击"添加图层样式"按钮，在弹出的下拉列表中选择"渐变叠加"选项，在弹出的"图层样式"对话框中对其参数进行设置后单击"确定"按钮。最终效果如下图所示。

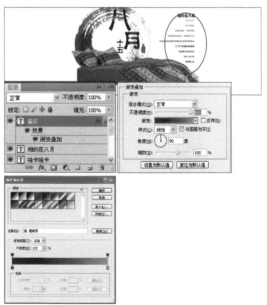

5.2.4 美容护肤

制作要点

文字效果的制作及图层样式的变换。

案例文件

案例 \ 第 5 章 \5.2.4

难易程度：★★★☆☆

美容护肤

　　该案例是一则关于美容护肤品的宣传广告。在制作时，选择以蓝天、白云、绿地作为背景，衬托出了产品本身天然、亲肤的特性，再通过添加树叶、蜗牛等素材，使整体画面更加统一、协调。

1. 制作背景

01 **新建文档**。执行"文件 > 新建"命令（快捷键 Ctrl+N），在弹出的"新建"对话框中设置相关参数，新建一个空白文档。

02 背景素材的添加。执行"文件 > 打开"命令，在弹出的"打开"对话框中选择"背景 素材.png"文件，双击鼠标右键将其导入到文档中，并调整其在画布上的位置。

2. 装饰性素材的添加

01 光晕素材的添加。按照上述方式继续进行光晕素材的添加，效果如下图所示。

02 产品及树叶素材的添加。按照上述方式继续进行产品及树叶素材的添加。

03 矩形色块的制作。新建图层后，用"矩形选框工具"在画布中绘制出矩形选区，将"前景色"设置为绿色后，按下快捷键 Alt+Delete 进行填充。

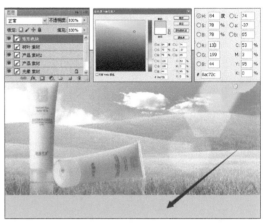

04 鲜花素材的添加。执行"文件 > 打开"命令，在弹出的"打开"对话框中选择"鲜花 素材.png"文件，双击鼠标右键将其导入到文档中，并调整其在画布上的位置。

05 蜗牛素材的添加。按照上述方式继续进行蜗牛素材的添加。

3. 文字效果的制作

01 制作"**完美容颜 以净为本**"文字效果。
单击工具箱中的"文字工具"按钮，
在画布中绘制文本框并输入对应文字内容。
执行"窗口＞字符"命令，在弹出的"字符"
面板中对其参数进行设置。

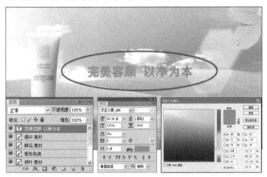

02 **外发光及渐变叠加效果的制作**。在"图
层"面板中单击"添加图层样式"按钮，
在弹出的下拉列表中分别选择"外发光"和"渐
变叠加"选项，在弹出的"图层样式"对话
框中对其参数进行设置后单击"确定"按钮。

03 制作"**桑枝导入**"等文字效果。按照
上述方式继续进行文字效果的制作。

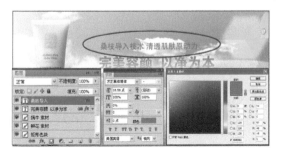

04 **外发光效果的制作**。在"图层"面板
中单击"添加图层样式"按钮，在弹
出的下拉列表中选择"外发光"选项，在弹
出的"图层样式"对话框中对其参数进行设
置后单击"确定"按钮。

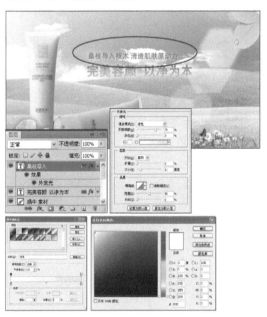

05 **其他文字效果的制作**。按照上述方式
继续进行文字效果的制作。最终效果
如下图所示。

5.2.5 美食诱惑

制作要点

文字效果的制作及剪贴蒙版的应用。

案例文件

案例 \ 第 5 章 \5.2.5

难易程度：★★★★☆

美食诱惑

　　该案例是一则关于至尊牛排套餐的宣传广告。在具体操作过程中，主要涉及色块的制作、剪贴蒙版的应用等，这些在排版设计中是十分常用的技巧，在文字效果的制作过程中同样遵循了以洋红、白色为主色调，使最终效果看起来更加统一、协调。

1. 制作背景

01 **新建文档。**执行"文件 > 新建"命令（快捷键 Ctrl+N），在弹出的"新建"对话框中设置相关参数，新建一个空白文档。

02 **纯色背景的制作**。新建图层后，将"前景色"设置为灰色，按下快捷键 Alt+Delete 进行填充，效果如下图所示。

2. 装饰性素材的添加

01 **牛排套餐素材的添加**。执行"文件 > 打开"命令，在弹出的"打开"对话框中选择"牛排套餐 素材.png"文件，双击将其导入到文档中，并调整其在画布上的位置。

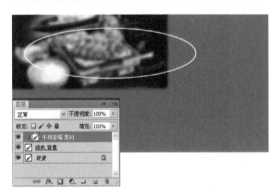

02 **四边形色块的制作**。新建图层后，用"钢笔工具"在画布中勾勒出四边形闭合路径，转换为选区后将"前景色"设置为白色，按下快捷键 Alt+Delete 进行填充。

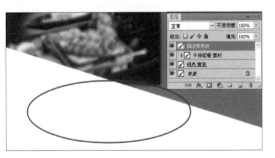

03 **描边效果的制作**。在"图层"面板中单击"添加图层样式"按钮，在弹出的下拉列表中选择"描边"选项，在弹出的"图层样式"对话框中对其参数进行设置后单击"确定"按钮。

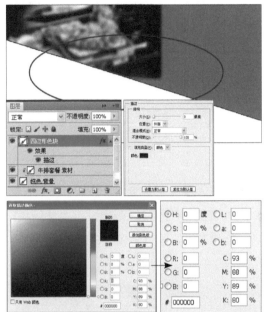

04 **产品素材的添加**。执行"文件 > 打开"命令，在弹出的"打开"对话框中选择"产品 素材.png"文件，双击鼠标右键将其导入到文档中，并调整其在画布上的位置，并将该图层的"不透明度"值改为 37%。

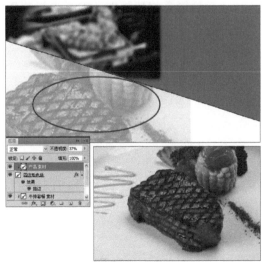

05 **四边形色块 2 的制作。** 按照上述方式继续进行四边形色块 2 的制作，效果如下图所示。

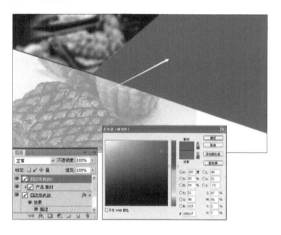

06 **产品素材 2 的添加。** 按照上述方式继续进行产品素材 2 的添加，并执行"图层 > 创建剪贴蒙版"命令，将所选图层置入目标图层中。

07 **四边形色块的制作及产品素材的添加。** 按照上述方式继续进行四边形色块的制作，并通过创建剪贴蒙版的方式将素材置入目标图层中。

08 **圆角矩形色块的制作。** 通过"圆角矩形工具"在画布中制作出圆角矩形色块，在"图层"面板中单击"添加图层样式"按钮，在弹出的下拉列表中分别选择"投影"和"描边"选项，在弹出的"图层样式"对话框中对其参数进行设置后单击"确定"按钮。

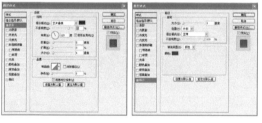

09 **产品素材 4 的添加。** 按照上述方式继续进行产品素材 4 的添加，并执行"图层 > 创建剪贴蒙版"命令，将所选图层置入目标图层中。

10 **装饰色块1的制作。**新建图层后，用"钢笔工具"在画布中绘制出下图所示的闭合路径，转换为选区后将"前景色"设置为洋红色，按下快捷键 Alt+Delete 进行填充。

11 **装饰色块1的复制。**按下快捷键 Ctrl+J 复制装饰性色块，并将其翻转至画布上方。效果如下图所示。

12 **继续制作装饰性色块。**按照上述方式继续进行装饰性色块的制作，效果如下图所示。

3. 文字效果的制作

01 **制作"至尊牛排套餐"文字效果。**单击工具箱中的"文字工具"按钮，在画布中绘制文本框并输入对应的文字内容。执行"窗口>字符"命令，在弹出的"字符"面板中对其参数进行设置，然后通过添加图层样式的方式对文字进行投影和描边效果的制作。

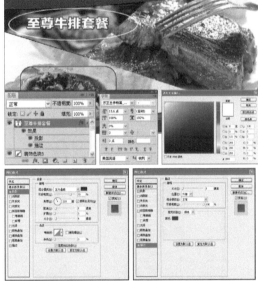

02 **制作"DELICIOUS"文字效果。**按照上述方式继续进行文字效果的制作，并通过添加图层样式的方式对文字进行投影和描边效果的制作。最终效果如下图所示。

5.3 抠图

本小节主要讲解了与抠图相关的一些知识。在平面设计中为了表现出画面的主题，往往需要通过抠图及素材的添加等来辅助主题的突出。

5.3.1 使用蒙版抠图

制作要点

蒙版抠图及素材的灵活应用。

案例文件

案例 \ 第 5 章 \5.3.1

难易程度：★ ★ ★ ★ ★

使用蒙版抠图

这是一则关于时尚女装促销的宣传广告。在具体操作时，除了蒙版抠图可以作为本案例的一个重点知识来了解外，还应该注意在素材的处理方面，可以通过更改图层的混合模式及不透明度等小技巧来增加素材的使用率，使最终的效果更加时尚、灵动。

1. 制作背景

01 **新建文档**。执行"文件 > 新建"命令，在弹出的"新建"对话框中设置相关参数，新建一个空白文档。

02 **背景素材的添加**。执行"文件 > 打开"命令，在弹出的"打开"对话框中选择"背景 素材.png"文件，双击鼠标右键将其导入到文档中，并调整其在画布上的位置，并将该图层的"不透明度"值改为21%。

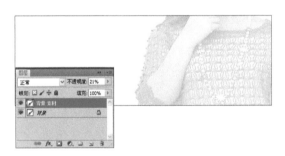

2. 装饰性素材的添加

01 **人像素材的添加**。按照上述方式继续进行人像素材的添加，然后通过添加图层蒙版并结合"画笔工具"的使用，擦除画面中不需要作用的部分。

02 **矩形色块的制作**。新建图层后，用"矩形选框工具"在画布中绘制矩形选区，将"前景色"设置为黑色后按下快捷键 Alt+Delete 进行填充。

3. 文字效果的制作

01 **制作"EXPERIENCE"文字效果**。单击工具箱中的"文字工具"按钮，在画布中绘制文本框并输入对应的文字内容。执行"窗口 > 字符"命令，在弹出的"字符"面板中对其参数进行设置。

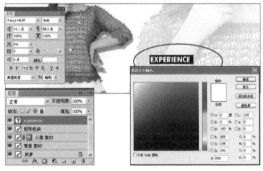

02 **其他文字效果的制作**。按照上述方式继续进行文字效果的制作。最终效果如下图所示。

5.3.2 拼贴多张宝贝图片

制作要点

颜色的搭配及产品素材的添加。

案例文件

案例 \ 第 5 章 \5.3.2

难易程度：★★★☆☆

拼贴多张宝贝图片

　　该案例是一则关于男鞋的促销广告。在制作时，首先选择以果绿色作为主色调，衬托出产品本身所具备的时尚、青春的特点。除此之外，文字效果的制作及多张宝贝图片的添加，更体现出了产品本身的功能性及多样性。

1. 制作背景

01 **新建文档**。执行"文件 > 新建"命令（快捷键 Ctrl+N），在弹出的"新建"对话框中设置相关参数，新建一个空白文档。

02 **纯色背景的制作**。新建图层后，将"前景色"设置为绿色，按下快捷键 Alt+Delete 进行填充。

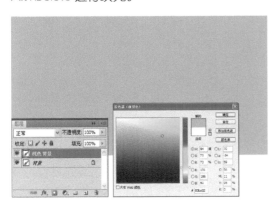

2. 装饰性素材的添加

01 **五角星素材的添加**。执行"文件 > 打开"命令，在弹出的"打开"对话框中选择"五角星 素材.png"文件，双击鼠标右键将其导入到文档中，并调整其在画布上的位置。

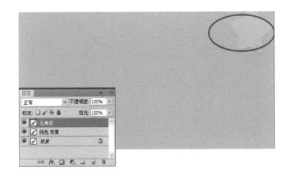

02 **文字素材的添加**。按照上述方式继续进行文字素材的添加。

03 **鞋子素材的添加**。按照上述方式继续进行鞋子素材的添加。

04 **矩形色块的制作**。新建图层后，用"矩形选框工具"在画布中绘制矩形选区，将"前景色"设置为浅蓝色后按下快捷键 Alt+Delete 进行填充。

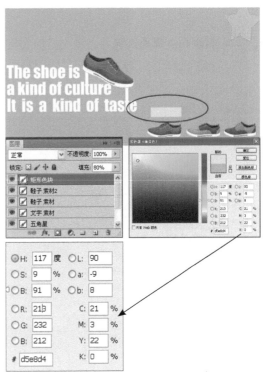

05 **特效的制作**。在"图层"面板中单击"添加图层样式"按钮，在弹出的下拉列表中分别选择"投影"和"外发光"等选项，在弹出的"图层样式"对话框中对其参数进行设置后单击"确定"按钮。

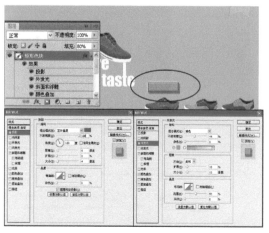

06 **继续制作矩形色块**。按照上述方式继续进行矩形色块的制作，并通过添加图层样式的方式为矩形色块制作投影、外发光等特效，效果如下图所示。

07 **全国首发素材及粉刷素材的添加**。按照上述方式继续进行全国首发素材及粉刷素材的添加，效果如下图所示。

3. 文字效果的制作

01 **制作"天木蓝"文字效果**。单击工具箱中的"文字工具"按钮，在画布中绘制文本框并输入对应的文字内容。执行"窗口>字符"命令，在弹出的"字符"面板中对其参数进行设置。

02 **其他文字效果的制作**。按照上述方式继续进行其他文字效果的制作。最终效果如下图所示。

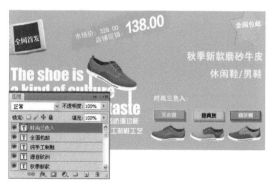

5.3.3 制作图像倒影效果

制作要点

倒影效果的制作。

案例文件

案例 \ 第 5 章 \5.3.3

难易程度：★★★☆☆

制作图像倒影效果

　　该案例是一则关于 2018 新款皮带促销的宣传广告，其中涉及如何快速、简便地制作出产品倒影的效果，本例主要通过添加图层蒙版并结合"渐变工具"的使用来实现该目标。同时，为了追求更加真实、自然的倒影效果，也可以对图层的不透明度进行适当的调整。

1. 制作背景

01 **新建文档。**执行"文件 > 新建"命令（快捷键 Ctrl+N），在弹出的"新建"对话框中设置相关参数，新建一个空白文档。

02 **纯色背景的制作**。新建图层后，将"前景色"设置为深灰色，按下快捷键 Alt+Delete 进行填充。

2. 装饰性素材的添加

01 **产品素材的添加**。执行"文件 > 打开"命令，在弹出的"打开"对话框中选择"产品 素材.png"文件，双击鼠标右键将其导入到文档中，并调整其在画布上的位置。

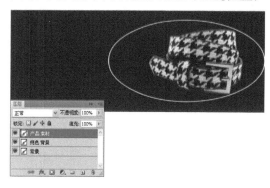

02 **倒影效果的制作**。复制产品素材后通过垂直翻转的方式将其放置于倒影的位置，再通过添加图层蒙版并结合"渐变工具"的使用来制作出产品的倒影效果。

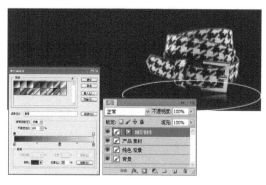

03 **线条制作**。新建图层后，用"矩形选框工具"在画布中绘制出线条的选区，将"前景色"设置为白色后按下快捷键 Alt+Delete 进行填充即可，再对制作好的线条进行复制，并调整至合适的位置。

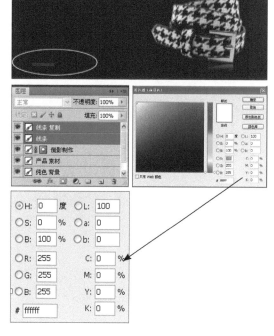

04 **文字素材的添加**。执行"文件 > 打开"命令，在弹出的"打开"对话框中选择"文字 素材.png"文件，双击鼠标右键将其导入到文档中，并调整其在画布上的位置。

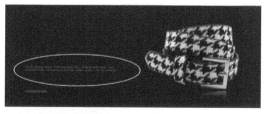

3. 文字效果的制作

01 制作"10 元包邮"文字效果。单击工具箱中的"文字工具"按钮，在画布中绘制文本框并输入对应的文字内容。执行"窗口 > 字符"命令，在弹出的"字符"面板中对其参数进行设置。

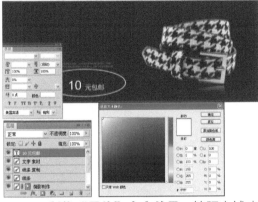

02 制作"原价"文字效果。按照上述方式继续进行文字效果的制作，效果如下图所示。

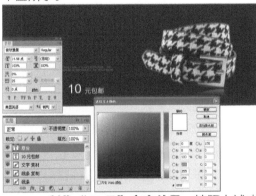

03 制作"45 元"文字效果。按照上述方式继续进行文字效果的制作，效果如下图所示。

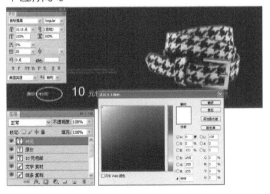

04 制作"10 元包邮"文字效果。按照上述方式继续进行文字效果的制作，并在"图层"面板中单击"添加图层样式"按钮，在弹出的下拉列表中选择"投影"选项，在弹出的"图层样式"对话框中对其参数进行设置后单击"确定"按钮。

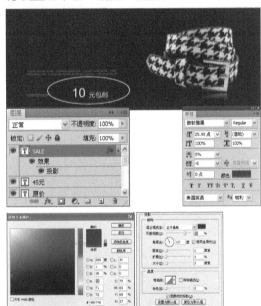

05 其他文字效果的制作。按照上述方式继续进行其他文字效果的制作。最终效果如下图所示。

5.3.4 数码设备

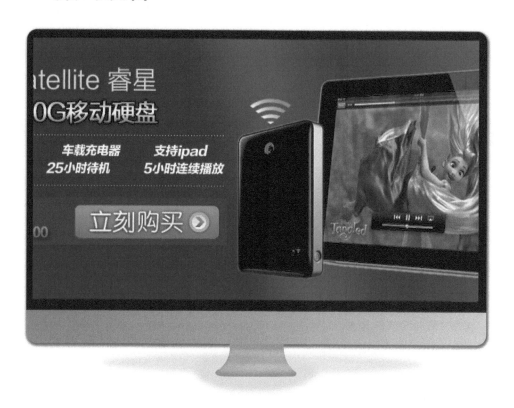

制作要点

文字效果的制作及矩形色块的制作。

案例文件

案例 \ 第 5 章 \5.3.4

难易程度：★★★☆☆

数码设备

　　该案例是一则关于移动硬盘的宣传广告。在制作时，除了素材的添加之外，还涉及矩形色块的制作，通过这一知识点的学习使读者了解通过在实际操作中选区的确立、前景色的设置及对选区的填充，来制作出需要的各式各样的色块。

1. 制作背景

01 **新建文档。**执行"文件 > 新建"命令（快捷键 Ctrl+N），在弹出的"新建"对话框中设置相关参数，新建一个空白文档。

02 **背景素材的添加**。执行"文件 > 打开"命令，在弹出的"打开"对话框中选择"背景 素材.png"文件，双击鼠标右键将其导入到文档中，并调整其在画布上的位置。

2. 装饰性素材的添加

01 **圈圈素材的添加**。按照上述方式继续进行圈圈素材的添加。

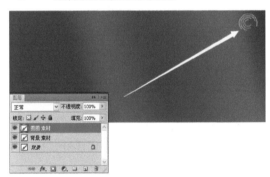

02 **颜色叠加效果的制作**。在"图层"面板中单击"添加图层样式"按钮，在弹出的下拉列表中选择"颜色叠加"选项，在弹出的"图层样式"对话框中对其参数进行设置后单击"确定"按钮。

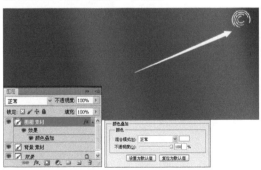

03 **产品素材的添加**。按照上述方式继续进行产品素材的添加。

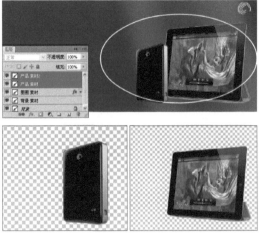

04 **WIFI 素材的添加**。按照上述方式继续进行 WIFI 素材的添加，并在"图层"面板中单击"添加图层样式"按钮，在弹出的下拉列表中选择"渐变叠加"选项，在弹出的"图层样式"对话框中对其参数进行设置后单击"确定"按钮。

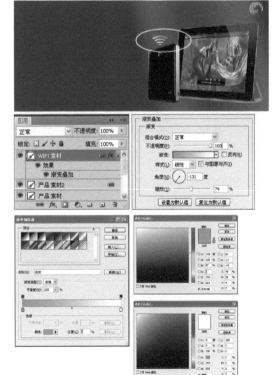

05 **矩形色块的制作**。新建图层后用"矩形选框工具"在画布中绘制出矩形选区后,将"前景色"设置为白色,按下快捷键 Alt+Delete 进行填充,并将该图层的"不透明度"值调整为 5%。

06 **继续添加其他装饰性素材**。按照上述方式继续添加其他装饰性素材。

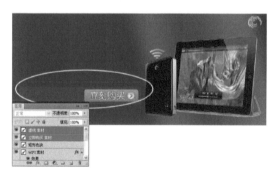

3. 文字效果的制作

01 **制作"Seagate"文字效果**。单击工具箱中的"文字工具"按钮,在画布中绘制文本框并输入对应的文字内容。执行"窗口 > 字符"命令,在弹出的"字符"面板中对其参数进行设置。

02 **制作"睿星"等文字效果**。按照上述方式继续进行文字效果的制作,并在"图层"面板中单击"添加图层样式"按钮,在弹出的下拉列表中选择"投影"选项,在弹出的"图层样式"对话框中对其参数进行设置后单击"确定"按钮。

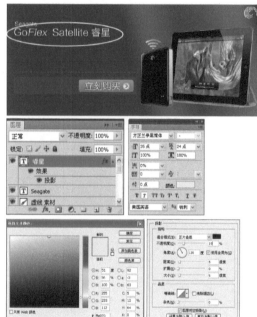

03 **其他文字效果的制作**。按照上述方式继续进行其他文字效果的制作,最终效果如下图所示。

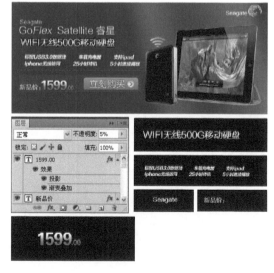

5.3.5 浪漫七夕

制作要点

素材的巧妙搭配。

案例文件

案例 \ 第 5 章 \5.3.5

难易程度：★★★☆☆

浪漫七夕

　　该案例是一则关于浪漫七夕促销的宣传广告。在制作时，以七夕立体贺卡为主体，通过玫瑰花、玩偶小熊等素材的添加，营造出了浪漫温馨的情人节氛围；再进行文字效果的制作，使最终画面主题突出、色调统一。

1. 制作背景

01 **新建文档**。执行"文件 > 新建"命令（快捷键 Ctrl+N），在弹出的"新建"对话框中设置相关参数，新建一个空白文档。

02 **背景素材的添加** 执行"文件 > 打开"命令，在弹出的"打开"对话框中选择"背景 素材.jpg"文件，双击鼠标右键将其导入到文档中，并调整其在画布上的位置。

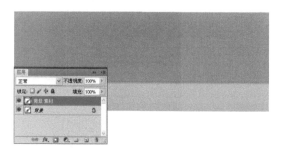

2. 装饰性素材的添加

01 **蕾丝花边素材的添加**。按照上述方式继续进行蕾丝花边素材的添加，效果如下图所示。

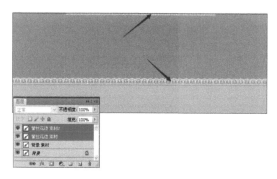

02 **底纹素材的添加**。按照上述方式继续进行底纹素材的添加，并将该图层的"不透明度"值调整至80%，效果如下图所示。

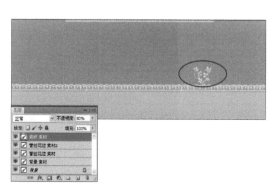

03 **窗帘素材的添加**。按照上述方式继续进行窗帘素材的添加，并在"图层"面板中单击"添加图层样式"按钮，在弹出的下拉列表中选择"投影"选项，在弹出的"图层样式"对话框中对其参数进行设置后单击"确定"按钮。

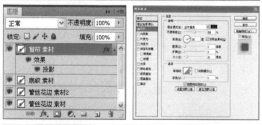

04 **信纸等素材的添加**。按照上述方式继续进行信纸等素材的添加，效果如下图所示。

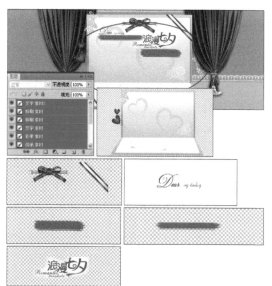

05 **玩具熊素材的添加**。按照上述方式继续进行玩具熊素材的添加，并通过添加图层样式的方式对该素材进行投影效果的制作。

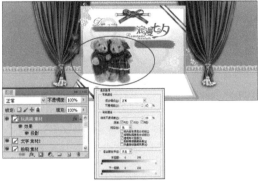

06 **玫瑰素材的添加**。按照上述方式继续进行玫瑰素材的添加。

3. 文字效果的制作

01 **制作"您准备好了吗"文字效果**。单击工具箱中的"文字工具"按钮，在画布中绘制文本框并输入对应文字内容。执行"窗口 > 字符"命令，在弹出的"字符"面板中对其参数进行设置。

02 **投影效果的制作**。在"图层"面板中单击"添加图层样式"按钮，在弹出的下拉列表中选择"投影"选项，在弹出的"图层样式"对话框中对其参数进行设置后单击"确定"按钮。

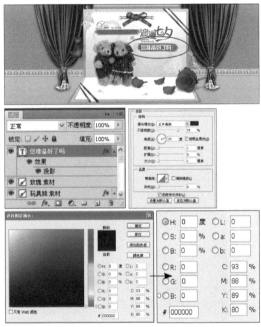

03 **其他文字效果的制作**。按照上述方式继续进行文字效果的制作。最终效果如下图所示。

5.4 去瑕疵

本小节主要讲解淘宝店铺装修中在图像处理方面所遇到的一些问题及对应的解决办法。在实际操作中，我们应该不断地积累实战经验，使我们的作品达到更好的效果。

5.4.1 去除图像上的污渍

制作要点

四边形色块的制作及色彩的搭配。

案例文件

案例 \ 第 5 章 \5.4.1

难易程度：★★★★☆

去除图像上的污渍

　　这是一则关于慢跑鞋的促销宣传广告。在制作时，以黄色和蓝色作为主色调，通过二者的对比使画面看起来更加鲜亮、明快。同时，大面积色块的制作在很大程度上也增强了图像的时尚效果。

1. 制作背景

01 **新建文档**。执行"文件 > 新建"命令，在弹出的"新建"对话框中设置相关参数，新建一个空白文档。

02 **纯色背景的制作**。新建图层后，将"前景色"设置为蓝色，按下快捷键 Alt+Delete 进行填充。

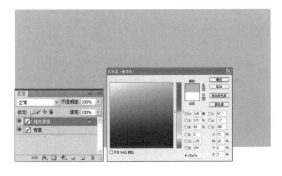

2. 装饰性素材的添加

01 **四边形色块的制作**。新建图层后，用"钢笔工具"在画布中勾勒出四边形闭合路径，转换为选区后将"前景色"设置为黄色，按下快捷键 Alt+Delete 进行填充。

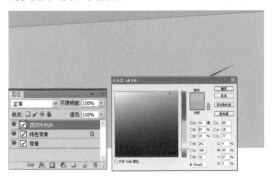

02 **描边效果的制作**。在"图层"面板中单击"添加图层样式"按钮，在弹出的下拉列表中选择"描边"选项，在弹出的"图层样式"对话框中对其参数进行设置后单击"确定"按钮。

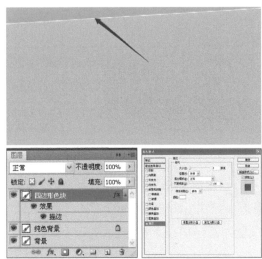

03 **多边形色块的制作**。新建图层后，用"钢笔工具"在画布中勾勒出下图所示的多边形闭合路径，转换为选区后将"前景色"设置为淡黄色，按下快捷键 Alt+Delete 进行填充。

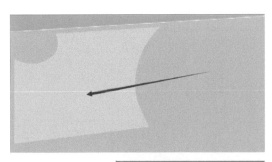

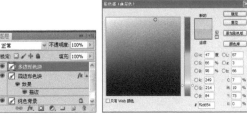

04 **底纹素材的添加**。继续添加底纹素材到画布中，并将该图层的"不透明度"值调整为 8%，然后执行"图层 > 创建剪贴蒙版"命令，将所选图层置入目标图层中。

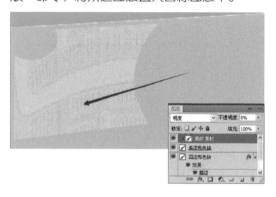

05 **圆形色块的制作**。新建图层后，在画布中绘制出圆形的选区，将"前景色"设置为白色后按下快捷键 Alt+Delete 进行填充。

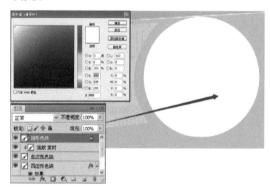

06 **圆形色块 2 的制作**。按照上述方式继续进行圆形色块 2 的制作，效果如下图所示。

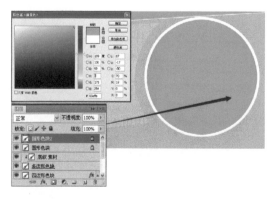

07 **四边形色块 2 的制作**。按照上述方式继续进行四边形色块的制作，并通过添加图层样式的方式对该色块进行投影效果的制作。

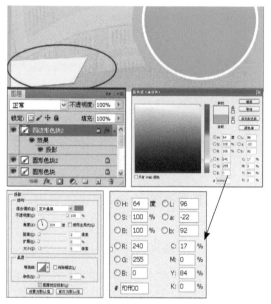

08 **多边形色块 2 的制作**。按照上述方式继续进行多边形色块 2 的制作，并通过添加图层样式的方式对该色块进行投影效果的制作。

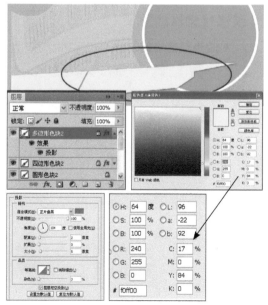

09 **其他装饰性素材的添加**。继续添加产品、闪电等装饰性素材到画布中，效果如下图所示。

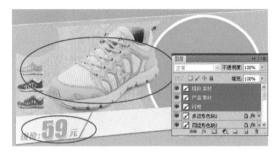

3. 文字效果的制作

01 **制作"SWAL"等文字效果**。单击工具箱中的"文字工具"按钮，在画布中绘制文本框并输入对应的文字内容。执行"窗口 > 字符"命令，在弹出的"字符"面板中对其参数进行设置。

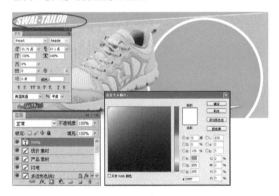

02 **投影效果的制作**。在"图层"面板中单击"添加图层样式"按钮，在弹出的下拉列表中选择"投影"选项，在弹出的"图层样式"对话框中对其参数进行设置后单击"确定"按钮。

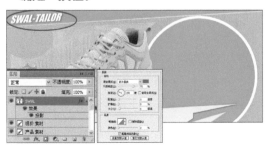

03 **制作"4"字效果**。按照上述方式继续进行文字效果的制作，并通过添加图层样式的方式为该文字进行投影效果的制作。

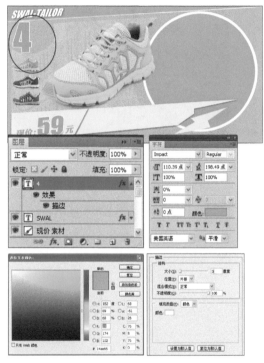

04 **其他文字效果的制作**。按照上述方式继续进行其他文字效果的制作。最终效果如下图所示。

5.4.2 鞋子专场

制作要点

矩形色块的制作。

案例文件

案例 \ 第 5 章 \5.4.2

难易程度：★★★☆☆

鞋子专场

　　该案例是一则关于男鞋的首发宣传广告。在制作时，需要注意的是矩形色块的制作、文字效果的制作及图层样式的变换等，这些均可作为该案例中的重点知识来学习。除此之外，以黑色为背景，对男鞋本身起到了很好的映衬作用，更加细腻地展现出了皮鞋本身的质感。

1. 制作背景

01 **新建文档**。执行"文件 > 新建"命令（快捷键 Ctrl+N），在弹出的"新建"对话框中设置相关参数，新建一个空白文档。

02 **纯色背景的制作。**新建图层后，将"前景色"设置为黑色，按下快捷键 Alt+Delete 进行填充。

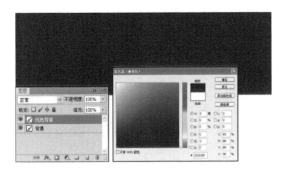

2. 装饰性素材的添加

01 **矩形色块的制作。**新建图层后，用"矩形选框工具"在画布中绘制出矩形选区，将"前景色"设置为褐色后按下快捷键 Alt+Delete 进行填充。

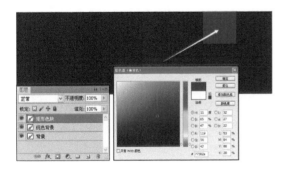

02 **底纹素材的添加。**执行"文件 > 打开"命令，在弹出的"打开"对话框中选择"底纹 素材.png"文件，双击将其导入到文档中，并调整其在画布上的位置，再通过添加图层蒙版并结合"画笔工具"的使用擦除画面中不需要作用的部分。

03 **产品及阴影素材的添加。**按照上述方式继续进行产品及阴影素材的添加，效果如下图所示。

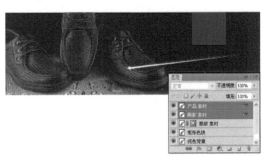

3. 文字效果的制作

01 **"零度初夏新品"文字。**单击工具箱中的"文字工具"按钮，在画布中绘制文本框并输入对应的文字内容。执行"窗口 > 字符"命令，在弹出的"字符"面板中对其参数进行设置。

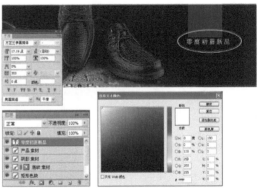

02 **"全网首发"文字。**按照上述方式继续进行文字效果的制作，效果如下图所示。

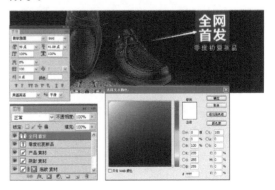

03 "2018SUMMER"。按照上述方式
继续进行文字效果的制作。

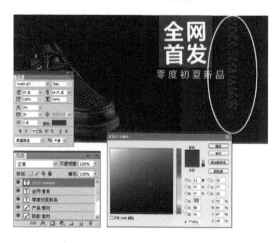

04 描边效果的制作。在"图层"面板中
单击"添加图层样式"按钮，在弹出
的下拉列表中选择"描边"选项，在弹出的"图
层样式"对话框中对其参数进行设置后单击
"确定"按钮。

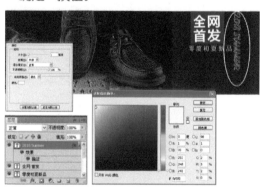

05 "清新悠然"英文字。按照上述方式
继续进行文字效果的制作，效果如下
图所示。

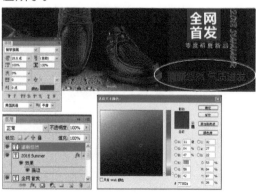

06 描边效果的制作。在"图层"面板中
单击"添加图层样式"按钮，在弹出
的下拉列表中选择"描边"选项，在弹出的"图
层样式"对话框中对其参数进行设置后单击
"确定"按钮。

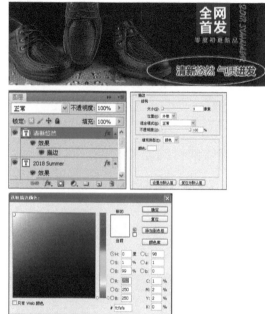

07 备注文字。按照上述方式继续进行文
字效果的制作，并通过添加图层样式
的方式为文字制作出渐变叠加的效果。最终
效果如下图所示。

5.4.3 羽绒专卖

制作要点

素材的巧妙搭配及文字效果的制作。

案例文件

案例 \ 第 5 章 \5.4.3

难易程度：★★★☆☆

羽绒专卖

　　该案例是一则关于天猫圣诞季男士棉服促销的宣传广告。在制作时，除了绿色背景的添加，还选择了具有圣诞特征的装饰性素材，使该宣传页面的主题明确、思路清晰。

1. 制作背景

01 **新建文档**。执行"文件 > 新建"命令（快捷键 Ctrl+N），在弹出的"新建"对话框中设置相关参数，新建一个空白文档。

02 **背景素材的添加**。执行"文件 > 打开"命令，在弹出的"打开"对话框中选择"背景 素材.png"文件，双击将其导入到文档中，并调整其在画布上的位置。

2. 装饰性素材的添加

01 **树木素材的添加**。执行"文件 > 打开"命令，在弹出的"打开"对话框中选择"树市 素材.png"文件，双击将其导入到文档中，并调整其在画布上的位置。

02 **衣服素材的添加**。按照上述方式继续进行衣服素材的添加。

03 **边线及棉服素材的添加**。按照上述方式继续进行边线及棉服素材的添加，效果如下图所示。

3. 文字效果的制作

"凡购买"等文字。单击工具箱中的"文字工具"按钮，在画布中绘制文本框并输入对应的文字内容。执行"窗口 > 字符"命令，在弹出的"字符"面板中对其参数进行设置。最终效果如下图所示。

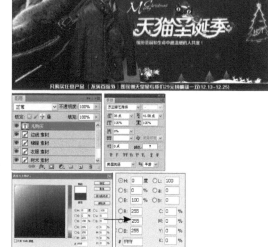

5.4.4 春装专场

制作要点

文字效果的制作及素材之间的搭配。案例文件

案例 \ 第 5 章 \5.4.4

难易程度：★ ★ ★ ☆ ☆

春装专场

　　该案例是一则关于女装新款促销的宣传广告。在制作时，除了蓝天、白云、绿地等背景的装点之外，还进行了人像素材的融图处理，使其与背景完美结合；在文字制作方面，结合了图层样式的变换，使其呈现出更加多样的效果。

1. 制作背景

01 **新建文档**。执行"文件 > 新建"命令（快捷键 Ctrl+N），在弹出的"新建"对话框中设置相关参数，新建一个空白文档。

02 渐变背景的制作。新建图层后，单击工具箱中的"渐变工具"按钮，在属性栏中单击"点按可编辑渐变"按钮，在弹出的"渐变编辑器"对话框中，设置相关参数，对图像进行渐变处理。

2. 装饰性素材的添加

01 云朵素材的添加。执行"文件 > 打开"命令，在弹出的"打开"对话框中选择"云朵 素材.png"文件，双击将其导入到文档中，并调整其在画布上的位置，并通过添加图层蒙版并结合"画笔工具"的使用擦除画面中不需要作用的部分。

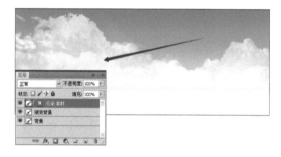

02 人像素材的添加。按照上述方式继续进行人像素材的添加。

03 草地、绿树素材的添加。按照上述方式继续进行草地及绿树等素材的添加，效果如下图所示。

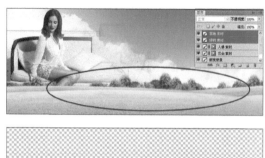

04 栅栏、光效及地板素材的添加。按照上述方式继续进行栅栏、光效及地板素材的添加，效果如下图所示。

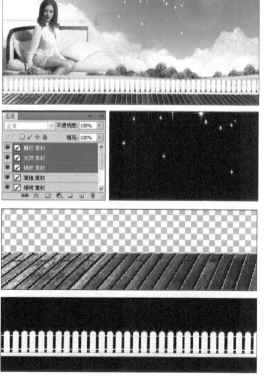

05 **瓢虫、蝴蝶、树叶及文字素材的添加。** 按照上述方式继续进行瓢虫、蝴蝶、树叶及文字等素材的添加。

06 **草地及书本素材的添加。** 按照上述方式继续进行草地及书本素材的添加，效果如下图所示。

07 **文字底板素材。** 添加"文字底板 素材.png"后，在"图层"面板中单击"添加图层样式"按钮，在弹出的下拉列表中分别选择"投影"和"渐变叠加"选项，在弹出的"图层样式"对话框中对其参数进行设置后单击"确定"按钮。

08 **文字素材 2 的添加。** 添加"文字 素材2.png"后，通过添加图层样式的方式对该文字进行投影效果的制作，效果如下图所示。

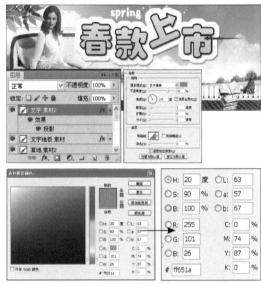

3. 文字效果的制作

"更多优惠等你来哦！" 单击工具箱中的"文字工具"按钮，在画布中绘制文本框并输入对应的文字内容。执行"窗口 > 字符"命令，在弹出的"字符"面板中对其参数进行设置，并通过添加图层样式的方式为该文字制作出渐变叠加的效果。最终效果如下图所示。

5.4.5 电器专场

制作要点

渐变背景的制作。

案例文件

案例\第 5 章\5.4.5

难易程度：★★★☆☆

电器专场

　　该案例是一则关于婴儿电动理发器的宣传广告。在具体操作时，首先通过"渐变工具"的使用制作出蓝色渐变背景，再添加上水漾、产品及羽毛等装饰性的素材，使画面更显清新、通透。

---

1. 制作背景

01 **新建文档**。执行"文件 > 新建"命令（快捷键 Ctrl+N），在弹出的"新建"对话框中设置相关参数，新建一个空白文档。

02 **纯色背景的制作**。新建图层后，将"前景色"设置为蓝色，按下快捷键 Alt+Delete 进行填充。

2. 装饰性素材的添加

01 **渐变效果的制作**。新建图层后，单击工具箱中的"渐变工具"按钮，在属性栏中单击"点按可编辑渐变"按钮，在弹出的"渐变编辑器"对话框中，设置相关参数，对图像进行渐变处理，并将该图层的"混合模式"更改为"正片叠底"。

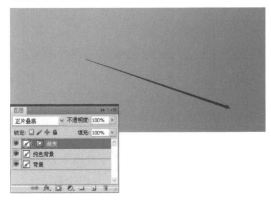

02 **继续制作渐变效果**。按照上述方式继续进行渐变效果的制作。

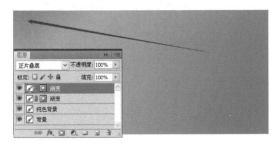

03 **标志、光束及羽毛素材的添加**。按照上述方式继续进行标志、光束及羽毛素材的添加。

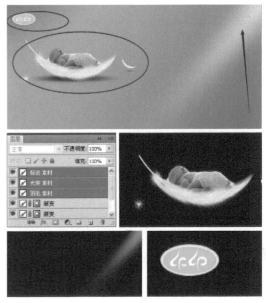

04 **水珠、水花及产品素材的添加**。按照上述方式继续进行水珠、水花及产品素材的添加，效果如下图所示。

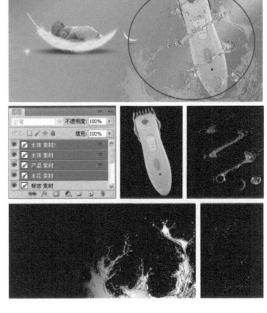

3. 文字效果的制作

01 "超静音防水"文字。单击工具箱中的"文字工具"按钮，在画布中绘制文本框并输入对应文字内容。执行"窗口 > 字符"命令，在弹出的"字符"面板中对其参数进行设置。

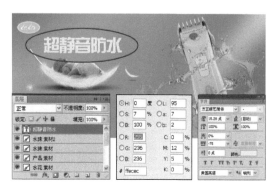

02 外发光效果的制作。在"图层"面板中单击"添加图层样式"按钮，在弹出的下拉列表中选择"外发光"选项，在弹出的"图层样式"对话框中对其参数进行设置后单击"确定"按钮。

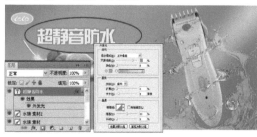

03 "超静音"等文字。按照上述方式继续进行文字效果的制作，效果如下图所示。

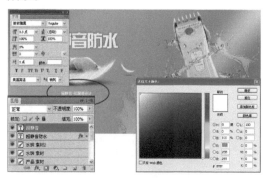

04 "国际"等文字。按照上述方式继续进行文字效果的制作，效果如下图所示。

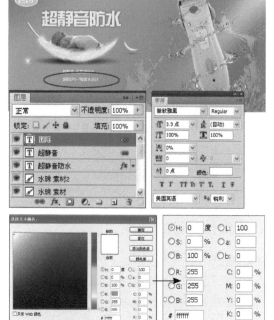

05 其他文字效果的制作。按照上述方式继续进行其他文字效果的制作。最终效果如下图所示。

5.5 色彩传达的意义

本小节主要讲解色彩的选择在图像处理中所起到的重要作用，通过牛仔骨、时尚女装及瑰丽珠宝首饰等具体宣传页面的制作案例，使读者对图像色调的统一、主题的突出有了更加深刻的认识。

5.5.1 小吃世界

制作要点

融图效果的制作、色块的制作等。

案例文件

案例 \ 第 5 章 \5.5.1

难易程度：★ ★ ★ ★ ★

小吃世界

这是一则关于牛仔骨的宣传页面的制作案例。在制作时，选择以深咖色为主色调，以凸显产品本身的质感。同时，在具体操作中还涉及融图效果的制作、不同形状色块的制作及创建剪贴蒙版等知识点，这些在图像处理中均为常见且十分实用的方法。

1. 制作背景

01 **新建文档**。执行"文件 > 新建"命令，在弹出的"新建"对话框中设置相关参数，新建一个空白文档。

02 **背景素材的添加**。执行"文件 > 打开"命令，在弹出的"打开"对话框中选择"背景 素材.png"文件，双击将其导入到文档中，并调整其在画布上的位置。

2. 装饰性素材的添加

01 **人像素材的添加**。按照上述方式继续进行产品素材的添加，并通过添加图层蒙版并结合"画笔工具"的使用，擦除画面中不需要作用的部分。

02 **矩形色块的制作**。新建图层后，用"矩形选框工具"在画布中绘制出矩形选区，将"前景色"设置为褐色后按下快捷键Alt+Delete进行填充。

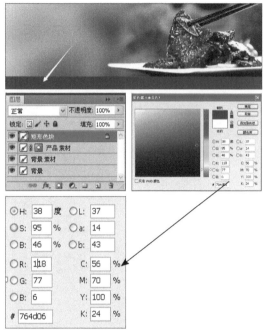

03 **圆形色块的制作**。新建图层后用"圆形选框工具"在画布中绘制出圆形选区，将"前景色"设置为褐色后按下快捷键Alt+Delete进行填充。

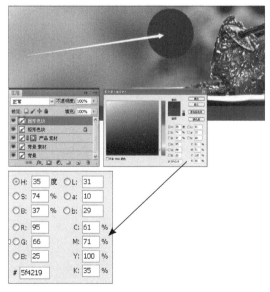

04 **矩形色块 2 的制作。**按照上述方式继续进行矩形色块 2 的制作，并通过执行"图层 > 创建剪贴蒙版"命令，将所选图层置入目标图层中。

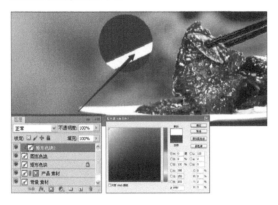

05 **文字素材的添加。**执行"文件 > 打开"命令，在弹出的"打开"对话框中选择"文字 素材.png"文件，双击将其导入到文档中，并调整其在画布上的位置。

06 **曲线的调整。**单击"图层"面板下方的"创建新的填充或者调整图层"按钮，在弹出的下拉列表中选择"曲线"选项，对其参数进行设置。

07 **色阶的调整。**单击"图层"面板下方的"创建新的填充或者调整图层"按钮，在弹出的下拉列表中选择"色阶"选项，对其参数进行设置，并将该图层的"不透明度"值调整为 50%。

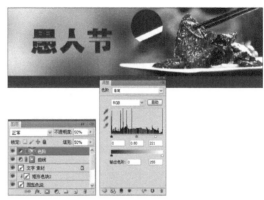

3. 文字效果的制作

01 **"满额就减"等文字。**单击工具箱中的"文字工具"按钮，在画布中绘制文本框并输入对应文字内容。执行"窗口 > 字符"命令，在弹出的"字符"面板中对其参数进行设置。

02 **文字效果的制作**。单击工具箱中的"文字工具"按钮，在画布中绘制文本框并输入对应的文字内容。执行"窗口 > 字符"命令，在弹出的"字符"面板中对其参数进行设置。

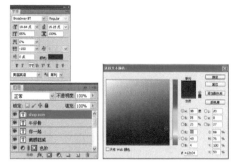

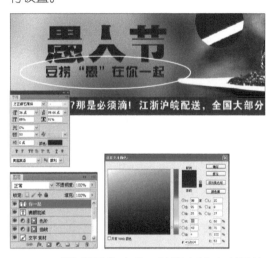

05 **活动日期文字**。按照上述方式继续进行文字效果的制作，效果如下图所示。

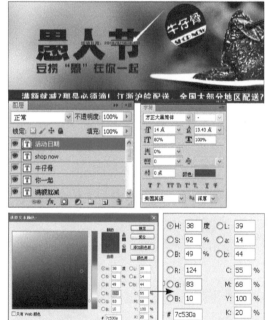

03 **"牛仔骨"文字**。按照上述方式继续进行文字效果的制作，效果如下图所示。

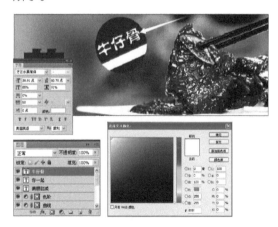

06 **优惠项目文字**。按照上述方式继续进行其他文字效果制作。最终效果如下图所示。

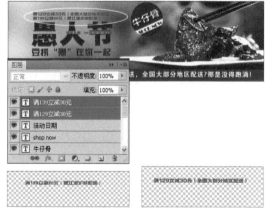

04 **"SHOP NOW"**。按照上述方式继续进行文字效果的制作，效果如下图所示。

5.5.2 箱包色彩

箱包色彩

　　该案例是一则关于户外旅行包的宣传广告的制作。在制作时，以蓝天、白云为背景，再添加以远行为主题的人像素材，整体画面显得清新、悠远；在文字处理方面，通过添加图层样式的方式对文字进行了投影、颜色叠加及描边等效果的制作，使其呈现出更为多样的效果。

1. 制作背景

01 **新建文档。** 执行"文件 > 新建"命令（快捷键 Ctrl+N），在弹出的"新建"对话框中设置相关参数，新建一个空白文档。

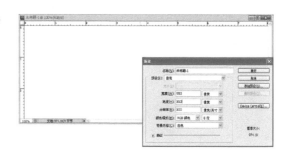

02 背景素材的添加。执行"文件 > 打开"命令，在弹出的"打开"对话框中选择"背景 素材.png"文件，双击将其导入到文档中，并调整其在画布上的位置。

2. 装饰性素材的添加

01 背包及箭头素材的添加。按照上述方式继续进行背包及箭头素材的添加。效果如下图所示。

02 三角形色块的制作。新建图层后，用"钢笔工具"在画布中勾勒出三角形闭合路径，转换为选区后将"前景色"设置为橘红色，按下快捷键 Alt+Delete 进行填充。

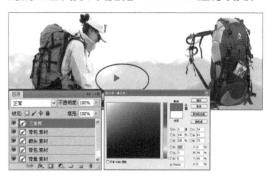

03 文字素材特效的制作。在"图层"面板中单击"添加图层样式"按钮，在弹出的下拉列表中分别选择"投影""颜色叠加"及"描边"等选项，在弹出的"图层样式"对话框中对其参数进行设置后单击"确定"按钮。

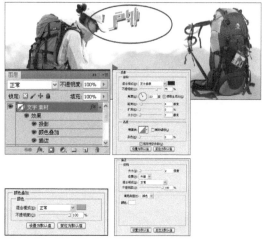

3. 文字效果的制作

01 "大容量"等文字。单击工具箱中的"文字工具"按钮，在画布中绘制文本框并输入对应的文字内容。执行"窗口 > 字符"命令，在弹出的"字符"面板中对其参数进行设置。

02 描边效果的制作。在"图层"面板中单击"添加图层样式"按钮，在弹出的下拉列表中选择"描边"选项，在弹出的"图层样式"对话框中对其参数进行设置后单击"确定"按钮。

03 "促销价"文字。按照上述方式继续进行文字效果的制作，效果如下图所示。

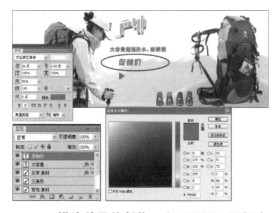

04 描边效果的制作。在"图层"面板中单击"添加图层样式"按钮，在弹出的下拉列表中选择"描边"选项，在弹出的"图层样式"对话框中对其参数进行设置后单击"确定"按钮。

05 "￥165"。按照上述方式继续进行文字效果的制作，并通过添加图层样式的方式对文字进行描边效果的制作。

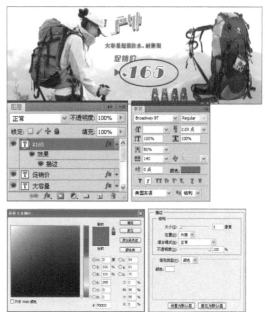

06 其他文字素材的添加。按照上述方式继续进行其他文字效果的制作。最终效果如下图所示。

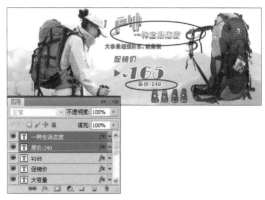

5.5.3 靓丽衣服

靓丽衣服

　　该案例是一则关于新品女装的宣传广告的制作。在制作时，除了背景素材的添加，还涉及矩形色块的制作、剪贴蒙版的创建等知识点，最终呈现在读者面前的是一款简约、欧式风格的版面设计。

1. 制作背景

01 **新建文档**。执行"文件 > 新建"命令（快捷键 Ctrl+N），在弹出的"新建"对话框中设置相关参数，新建一个空白文档。

02 **背景素材的添加**。执行"文件 > 打开"命令，在弹出的"打开"对话框中选择"背景 素材.png"文件，双击将其导入到文档中，并调整其在画布上的位置。

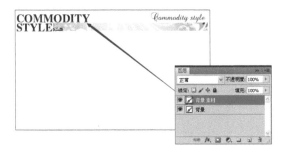

2. 装饰性素材的添加

01 **矩形色块的制作**。新建图层后，用"矩形选框工具"在画布中绘制出矩形选区，将"前景色"设置为绿色后按下快捷键 Alt+Delete 进行填充。

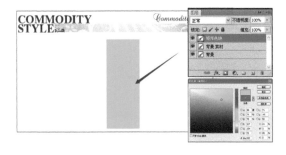

02 **人像素材的添加**。执行"文件 > 打开"命令，在弹出的"打开"对话框中选择"人像 素材.png"文件，双击将其导入到文档中，并调整其在画布上的位置，并执行"图层 > 创建剪贴蒙版"命令，将所选图层置入目标图层中。

03 **矩形色块的制作并添加人像素材**。按照上述方式继续进行矩形色块的制作，并添加人像素材到画布中，最后执行"图层 > 创建剪贴蒙版"命令，将所选图层置入目标图层中。

04 **矩形色块的制作并添加人像素材**。按照上述方式继续进行矩形色块的制作，并添加人像素材到画布中，最后执行"图层 > 创建剪贴蒙版"命令，将所选图层置入目标图层中。

05 **衣服素材的添加**。执行"文件 > 打开"命令，在弹出的"打开"对话框中选择"衣服 素材.png"文件，双击将其导入到文档中，并调整其在画布上的位置。

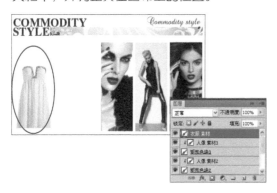

06 **手包素材的添加**。执行"文件 > 打开"命令，在弹出的"打开"对话框中选择"手包 素材.png"文件，双击将其导入到文档中，并调整其在画布上的位置。

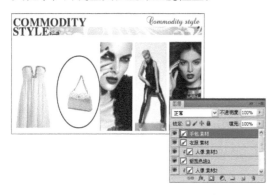

07 **内衣及高跟鞋素材的添加**。按照上述方式继续进行内衣及高跟鞋素材的添加，效果如下图所示。

08 **耳环及项链素材的添加**。按照上述方式继续进行耳环及项链素材的添加，效果如下图所示。

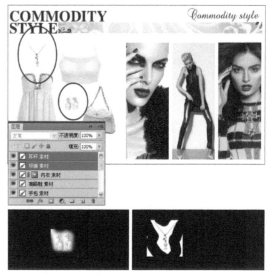

3. 文字效果的制作

"宝贝风格"文字。单击工具箱中的"文字工具"按钮，在画布中绘制文本框并输入对应的文字内容。执行"窗口 > 字符"命令，在弹出的"字符"面板中对其参数进行设置。

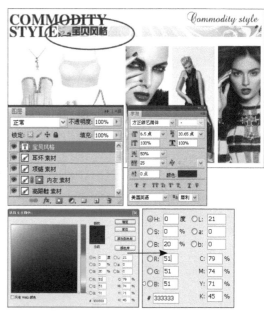

5.5.4 珠宝闪耀

制作要点

色调的选择及融图效果的制作。

案例文件

案例 \ 第 5 章 \5.5.4

难易程度：★★★★☆

珠宝闪耀

该案例是一则关于高端首饰的宣传广告的制作。在制作时，以红色为主色调来衬托出产品本身高贵与典雅的气质。同时，在素材的处理上应用到了融图的方式，使素材之间、素材与背景之间完美地结合在一起。

1. 制作背景

01 **新建文档**。执行"文件 > 新建"命令（快捷键 Ctrl+N），在弹出的"新建"对话框中设置相关参数，新建一个空白文档。

02 **纯色背景的制作。**新建图层后，将"前景色"设置为红色，按下快捷键 Alt+Delete 进行填充。

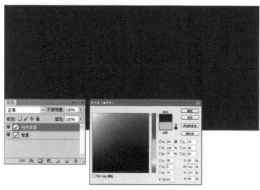

2. 装饰性素材的添加

01 **线条的制作。**新建图层后，用"矩形选框工具"在画布中绘制出线条选区，将"前景色"设置为红色后按下快捷键 Alt+Delete 进行填充。

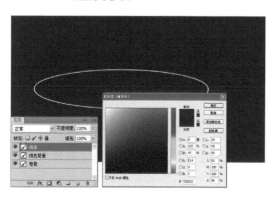

02 **圆角矩形色块的制作。**新建图层后用"圆角矩形工具"在画布中勾勒出圆角矩形路径，转换为选区后将"前景色"设置为白色，按下快捷键 Alt+Delete 进行填充。

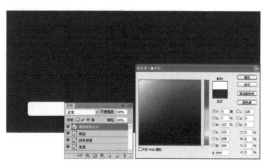

03 **绳子及项链素材的添加。**执行"文件>打开"命令，在弹出的"打开"对话框中分别选择"绳子 素材.png"和"项链素材.png"文件，双击将它们导入到文档中，并调整它们在画布上的位置。

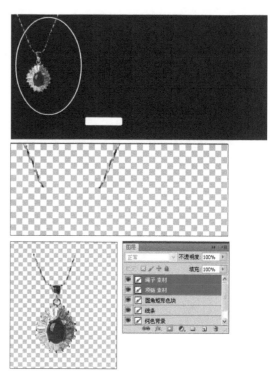

04 **人像素材的添加。**执行"文件>打开"命令，在弹出的"打开"对话框中选择"人像 素材.png"文件，双击将其导入到文档中，并调整其在画布上的位置，通过添加图层蒙版并结合"画笔工具"的使用擦除画面中不需要作用的部分。

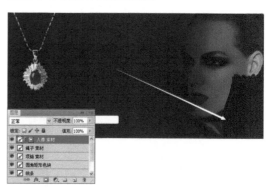

3. 文字效果的制作

01 **备注文字。** 单击工具箱中的"文字工具"按钮，在画布中绘制文本框并输入对应的文字内容。执行"窗口 > 字符"命令，在弹出的"字符"面板中对其参数进行设置。

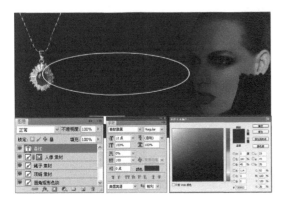

02 **渐变叠加效果的制作。** 在"图层"面板中单击"添加图层样式"按钮，在弹出的下拉列表中选择"渐变叠加"选项，在弹出的"图层样式"对话框中对其参数进行设置后单击"确定"按钮。

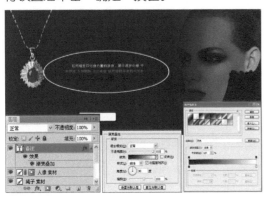

03 **"自信的魅力"文字。** 按照上述方式继续进行文字效果的制作，效果如下图所示。

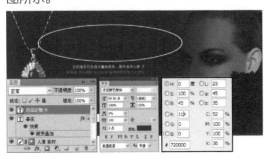

04 **投影及颜色叠加效果的制作。** 在"图层"面板中单击"添加图层样式"按钮，在弹出的下拉列表中分别选择"投影"和"颜色叠加"选项，在弹出的"图层样式"对话框中对其参数进行设置后单击"确定"按钮。

05 **其他文字效果的制作。** 按照上述方式继续进行其他文字效果的制作。最终效果如下图所示。

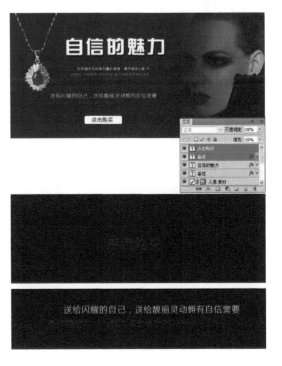

5.5.5 数码产品

制作要点

剪贴蒙版的应用。

案例文件

案例 \ 第 5 章 \5.5.5

难易程度：★★★☆☆

数码产品

　　该案例是一则关于手机的宣传广告的制作。在制作时，选择以红色为主色调来衬托产品本身的质感。同时，在素材的处理上还应用到了剪贴蒙版，以此来改变素材的颜色，使其与主体色调相统一。

1. 制作背景

01 **新建文档**。执行"文件 > 新建"命令（快捷键 Ctrl+N），在弹出的"新建"对话框中设置相关参数，新建一个空白文档。

02 **背景素材的添加**。执行"文件 > 打开"命令，在弹出的"打开"对话框中选择中"背景 素材.png"文件，双击将其导入到文档中，并调整其在画布上的位置。

2. 装饰性素材的添加

01 **底纹素材的添加**。按照上述方式继续进行"底纹 素材.png"的添加。

02 **高光素材的添加**。按照上述方式继续进行"高光 素材.png"的添加。

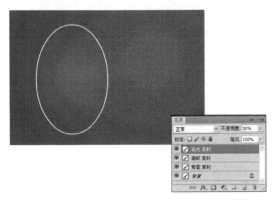

03 **产品素材的添加**。按照上述方式继续进行"产品 素材.png"的添加。

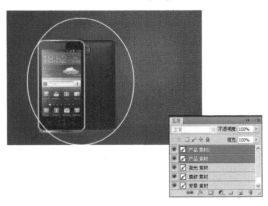

04 **方框及投影素材的添加**。按照上述方式继续进行"方框 素材.png"及"投影 素材.png"的添加。

05 **标志素材的添加**。按照上述方式继续进行"标志 素材.png"的添加。

06 **纯色色块的制作**。通过"矩形选框工具"制作红色的矩形色块，再执行"图层 > 创建剪贴蒙版"命令，将所选图层置入目标图层中。

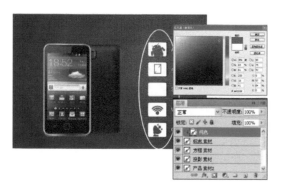

07 **线条的制作**。新建图层后，用"矩形选框工具"在画布中绘制出线条选区，将"前景色"设置为白色后按下快捷键 Alt+Delete 进行填充。

08 **复制线条**。按下快捷键 Ctrl+J 复制线条，并将其调整至画布中间，效果如下图所示。

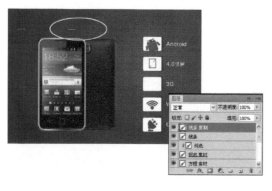

3. 文字效果的制作

01 **"Android"**。单击工具箱中的"文字工具"按钮，在画布中绘制文本框并输入对应的文字内容。执行"窗口 > 字符"命令，在弹出的"字符"面板中对其参数进行设置。

02 **智能手机**。按照上述方式继续进行文字效果的制作。最终效果如下图所示。

5.6 合成

本小节我们主要讲解合成类图像的制作方法，以衬衫、手机配饰、护肤品等商品的促销广告为例，为读者详细地介绍平面设计中常见的一些方法和小技巧。

5.6.1 制作漂亮的宝贝分类按钮

制作要点

图层样式的添加及文字效果的制作。

案例文件

案例 \ 第 5 章 \5.6.1

难易程度：★★★★★

1. 制作背景

01 **新建文档。**执行"文件 > 新建"命令（快捷键 Ctrl+N），在弹出的"新建"对话框中设置相关参数，新建一个空白文档。

制作漂亮的宝贝分类按钮

　　该案例是关于服饰类的宝贝分类按钮的制作。在制作时，将主体色调定为了黄色与绿色，使其看起来更加清新、时尚。另外，还大量应用了图层样式，使其看起来层次更加丰富、更加立体。

02 **纯色背景的制作。**新建图层后，将"前景色"设置为黑色，按下快捷键Alt+Delete 进行填充。

2. 装饰性素材的添加

01 **圆角矩形色块的制作。**新建图层后，用"圆角矩形工具"勾勒出圆角矩形的闭合路径，转换为选区后将"前景色"设置为紫色，按下快捷键 Alt+Delete 进行填充。

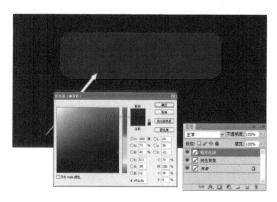

02 **投影效果的添加。**在"图层"面板中单击"添加图层样式"按钮，在弹出的下拉列表中选择"投影"选项，在弹出的"图层样式"对话框中对其参数进行设置后单击"确定"按钮。

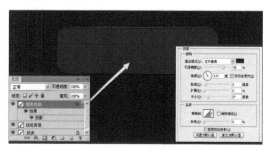

03 **描边效果的添加。**在"图层"面板中单击"添加图层样式"按钮，在弹出的下拉列表中选择"描边"选项，在弹出的"图层样式"对话框中对其参数进行设置后单击"确定"按钮。

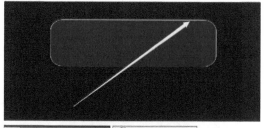

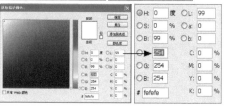

04 **渐变叠加效果的添加。**在"图层"面板中单击"添加图层样式"按钮，在弹出的下拉列表中选择"渐变叠加"选项，在弹出的"图层样式"对话框中对其参数进行设置后单击"确定"按钮。

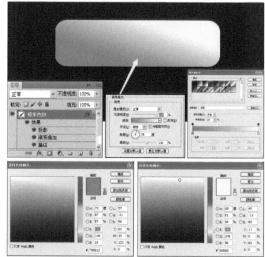

05 **高光部分的制作。** 新建图层后，用"钢笔工具"勾勒出下图所示的多边形闭合路径，转换为选区后将"前景色"设置为白色进行填充。在"图层"面板中将该图层的"不透明度"值调整为69%，再通过添加图层蒙版并结合"渐变工具"的使用制作出如下图所示的渐变效果。

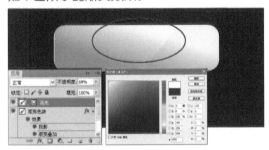

06 **异形色块的制作。** 新建图层后，用"钢笔工具"勾勒出下图所示的多边形闭合路径，转换为选区后将"前景色"设置为白色进行填充。

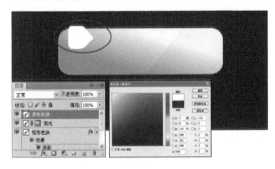

07 **投影效果的添加。** 在"图层"面板中单击"添加图层样式"按钮，在弹出的下拉列表中选择"投影"选项，在弹出的"图层样式"对话框中对其参数进行设置后单击"确定"按钮。

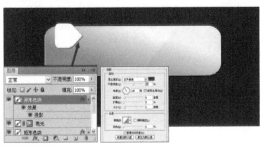

08 **内发光效果的添加。** 按照上述方式继续对异形色块进行内发光效果的制作，效果如下图所示。

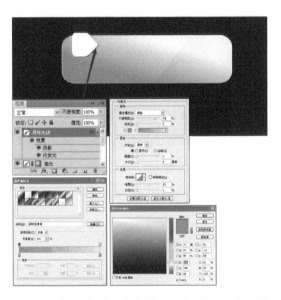

09 **异形色块2的制作。** 新建图层后，用"钢笔工具"勾勒出下图所示的多边形闭合路径，转换为选区后将"前景色"设置为黑色进行填充。

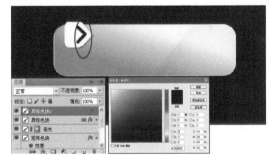

10 **特效的制作。** 通过添加图层样式的方式为该色块添加投影、内阴影、内发光及渐变叠加等效果，效果如下图所示。

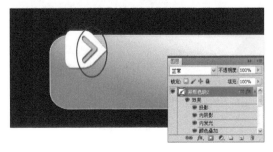

11 **异形色块2的复制。** 复制制作好的异形色块2，并将其调整至画布左侧，效果如下图所示。

3. 文字效果的制作

01 **"上装专卖"文字。** 单击工具箱中的"文字工具"按钮，在画布中绘制文本框并输入对应的文字内容。执行"窗口 > 字符"命令，在弹出的"字符"面板中对其参数进行设置。

02 **描边效果的添加。** 在"图层"面板中单击"添加图层样式"按钮，在弹出的下拉列表中选择"描边"选项，在弹出的"图层样式"对话框中对其参数进行设置后单击"确定"按钮。

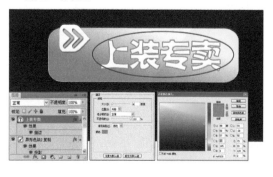

03 **"鞋子专卖"文字。** 按照上述方式继续进行鞋子专卖按钮的制作。

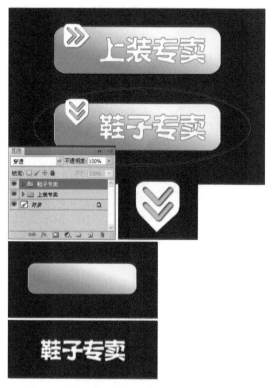

04 **"饰品专卖"文字。** 按照上述方式继续进行饰品专卖按钮的制作。最终效果如下图所示。

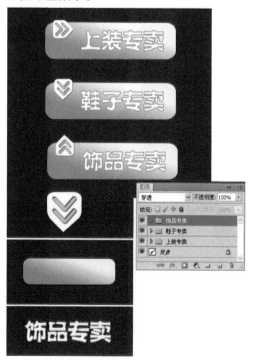

5.6.2 给商品图片添加边框

给商品图片添加边框

制作要点

文字效果的制作及整体色调的调整。

案例文件

案例 \ 第 5 章 \5.6.2

难易程度：★★★★★

给商品图片添加边框

该案例是一则关于男士衬衫的促销宣传广告。在制作时，以白色为背景，通过产品素材的添加及文字效果的制作等，使最终宣传页面色调统一。

1. 制作背景

新建文档。执行"文件 > 新建"命令（快捷键 Ctrl+N），在弹出的"新建"对话框中设置相关参数，新建一个空白文档。

2. 装饰性素材的添加

01 **产品素材 2 的添加**。执行"文件 > 打开"命令，在弹出的"打开"对话框中选择"产品 素材.png"文件，双击将其导入到文档中，并调整其在画布上的位置。

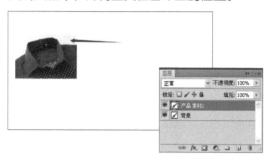

02 **描边效果的制作**。在"图层"面板中单击"添加图层样式"按钮，在弹出的下拉列表中选择"描边"选项，在弹出的"图层样式"对话框中对其参数进行设置后单击"确定"按钮。

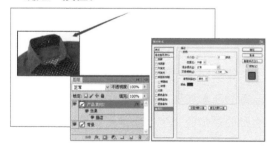

03 **产品素材 3 的添加**。按照上述方式继续进行"产品 素材3.png"的添加。

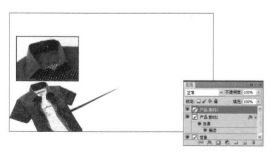

04 **文字素材的添加**。按照上述方式继续进行"文字 素材.png"的添加。

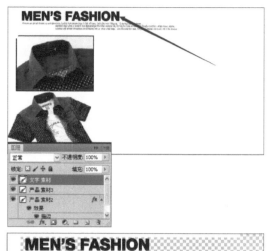

05 **产品素材 4 的添加**。按照上述方式继续进行"产品 素材 4.png"的添加，并通过添加图层样式的方式对文字进行投影效果的制作。

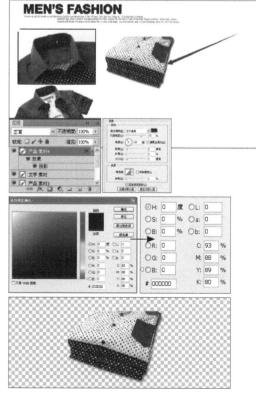

06 **底边素材的添加**。按照上述方式继续进行 "底边 素材.png" 的添加。

07 **底边素材的复制**。按下快捷键 Ctrl+J 复制底边素材，并通过 "移动工具" 将其调整至画布上方。

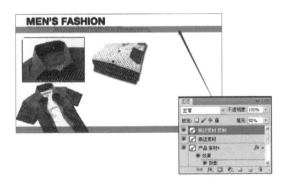

08 **产品素材的添加**。按照上述方式继续进行 "产品 素材.png" 的添加。

3. 文字效果的制作

01 "￥66.6"。单击工具箱中的 "文字工具" 按钮，在画布中绘制文本框并输入对应的文字内容。执行 "窗口 > 字符" 命令，在弹出的 "字符" 面板中对其参数进行设置。

02 "**修身衬衣圆型波点**" 等文字。按照上述方式继续进行文字效果的制作。最终效果如下图所示。

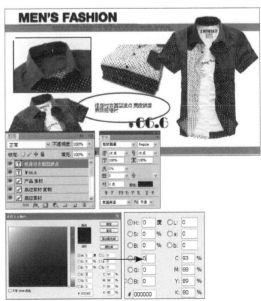

5.6.3 手机配饰

制作要点

颜色的搭配及文字效果的制作。

案例文件

案例 \ 第 5 章 \5.6.3

难易程度：★★★★★

手机配饰

　　该案例是一则关于手机配饰的宣传广告的制作。在制作时，通过可爱风格的背景添加、装饰性素材的合理搭配及文字效果的制作等，最终使画面呈现出了灵活、可爱的效果；尤其是湖蓝色与明黄色这两种对比色的巧妙应用，大大增强了图像的对比及层次感。

1. 制作背景

01 **新建文档，** 执行"文件 > 新建"命令（快捷键 Ctrl+N），在弹出的"新建"对话框中设置相关参数，新建一个空白文档。

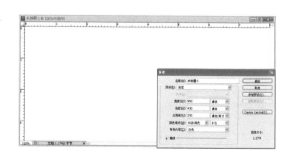

02 **背景素材的添加**。执行"文件 > 打开"命令，在弹出的"打开"对话框中选择"背景 素材.png"文件，双击将其导入到文档中，并调整其在画布上的位置。

2. 装饰性素材的添加

01 **产品素材的添加**。按照上述方式继续进行"产品 素材.png"的添加。

02 **文字素材的添加**。按照上述方式继续进行"文字 素材.png"的添加。

03 **继续添加产品素材**。按照上述方式继续进行"产品 素材.png"的添加。

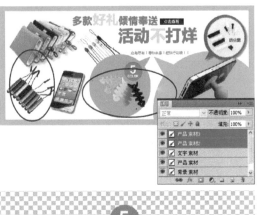

3. 文字效果的制作

"电容笔"等文字。单击工具箱中的"文字工具"按钮，在画布中绘制文本框并输入对应的文字内容。执行"窗口 > 字符"命令，在弹出的"字符"面板中对其参数进行设置。最终效果如下图所示。

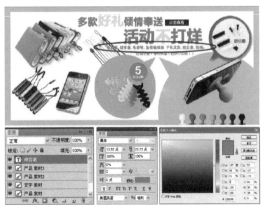

5.6.4 生活电器

┌
▌ **制作要点**

图层样式的变换。

案例文件

案例 \ 第 5 章 \ 5.6.4

难易程度：★★★★☆
└

生活电器

　　该案例是一则关于父亲节家电促销的宣传广告的制作。在制作时，以白色为主要的背景色，再通过素材的添加及文字的制作等完成整体页面的设计。需要注意的是，在素材的处理方面还涉及通过变换图层样式来改变素材形态的方法，这在图像的设计中是十分常见的。

1. 制作背景

　　新建文档。执行"文件 > 新建"命令（快捷键 Ctrl+N），在弹出的"新建"对话框中设置相关参数，新建一个空白文档。

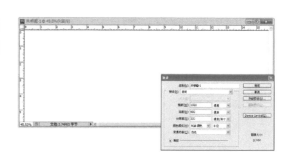

2. 装饰性素材的添加

01 **色块素材的添加**。按照上述方式继续进行"色块 素材.png"的添加。

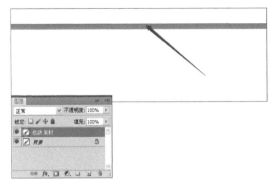

02 **顶部及帆船素材的添加**。按照上述方式继续进行"顶部 素材.png"及"帆船 素材.png"添加。

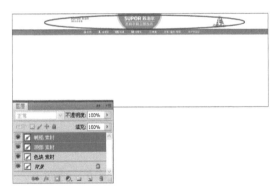

03 **树木及椰树素材的添加**。按照上述方式继续进行"树市 素材.png"及"椰树 素材.png"添加。

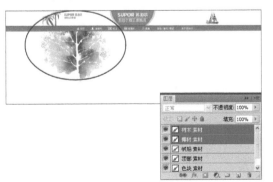

04 **复制树木素材**。按下快捷键 Ctrl+J 复制树市素材后,将其调整至画布的右下角,再通过添加图层蒙版并结合"画笔工具"的使用擦除画面中不需要作用的部分,同时将该图层的"不透明度"值调整至 20%。

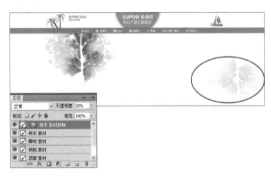

05 **产品素材的添加**。按照上述方式继续进行"产品 素材.png"的添加。

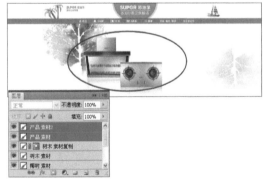

06 **人像素材的添加**。按照上述方式继续进行"人像 素材.png"的添加。

07 **标签及文字素材的添加**。按照上述方式继续进行标签及文字素材的添加。

08 **对话气泡素材**。按照上述方式继续进行对话气泡素材的添加，并在"图层"面板中单击"添加图层样式"按钮，在弹出的下拉列表中选择"描边"选项，在弹出的"图层样式"对话框中对其参数进行设置后单击"确定"按钮。

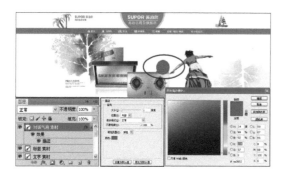

09 **矩形色块的制作**。通过"矩形选框工具"的使用在画布中制作出白色矩形色块，再执行"图层 > 创建剪贴蒙版"命令，将所选图层置入目标图层中。

10 **文字素材 2**。按照上述方式继续进行"文字 素材 2.png"的添加，并在"图层"面板中单击"添加图层样式"按钮，在弹出的下拉列表中选择"渐变叠加"选项，在弹出的"图层样式"对话框中对其参数进行设置后单击"确定"按钮。

3. 文字效果的制作

制作文字效果。单击工具箱中的"文字工具"按钮，在画布中绘制文本框并输入对应的文字内容。执行"窗口 > 字符"命令，在弹出的"字符"面板中对其参数进行设置后单击确定。最终效果如下图所示。

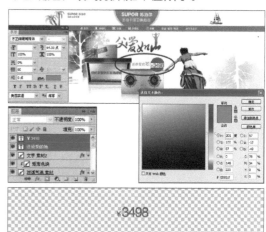

5.6.5 彩妆魅力

制作要点

整体色调的确定及素材的搭配。

案例文件

案例 \ 第 5 章 \5.6.5

难易程度：★ ★ ★ ★ ★

1. 制作背景

01 **新建文。**执行"文件 > 新建"命令（快捷键 Ctrl+N），在弹出的"新建"对话框中设置相关参数，新建一个空白文档。

彩妆魅力

　　该案例是一则关于护肤品新品上市的宣传广告的制作。在制作时，选择以湖蓝色作为画面的主色调，以此衬托出产品本身清新、亲肤的特性。除此之外，融图方法的应用使素材与素材、素材与背景之间完美地融为一体。再加上文字效果的制作及特效的添加，均从不同角度对画面的主题起到了较强的衬托作用。

02 **背景素材的添加**。执行"文件 > 打开"命令，在弹出的"打开"对话框中选择"背景 素材.png"文件，双击将其导入到文档中，并调整其在画布上的位置。

2. 装饰性素材的添加

01 **水波纹素材的添加**。按照上述方式继续进行"水波纹 素材.png"的添加，再通过添加图层蒙版并结合"画笔工具"的使用擦除画面中不需要作用的部分。

02 **花朵及圆点素材的添加**。按照上述方式继续进行花朵及圆点素材的添加。效果如下图所示。

03 **人像素材**。执行"文件 > 打开"命令，在弹出的"打开"对话框中选择"人像 素材.png"文件，双击将其导入到文档中，并调整其在画布上的位置。在"图层"面板中单击"添加图层样式"按钮，在弹出的下拉列表中分别选择"外发光"和"描边"选项，在弹出的"图层样式"对话框中对其参数进行设置后单击"确定"按钮。

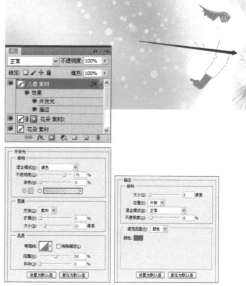

04 **提示素材的添加**。执行"文件 > 打开"命令，在弹出的"打开"对话框中选择"提示 素材.png"文件，双击将其导入到文档中，并调整其在画布上的位置。

05 **产品等素材的添加**。按照上述方式继续进行产品等素材的添加。

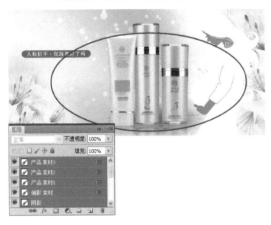

06 **文字素材的添加**。按照上述方式继续进行文字素材的添加，并通过添加图层样式的方式为文字制作外发光效果。

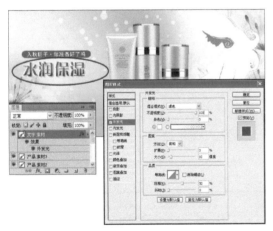

07 **水滴素材的添加**。按照上述方式继续进行水滴素材的添加。

3. 文字效果的制作

01 **"清洁"等文字**。单击工具箱中的"文字工具"按钮，在画布中绘制文本框并输入对应的文字内容。执行"窗口 > 字符"命令，在弹出的"字符"面板中对其参数进行设置。

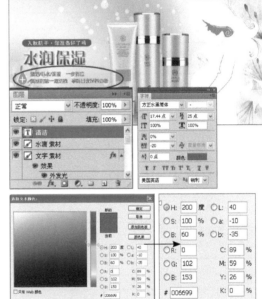

02 **"套装"文字**。按照上述方式继续进行文字效果的制作，并通过添加图层样式的方式对文字进行投影及描边效果的制作。最终效果如下图所示。

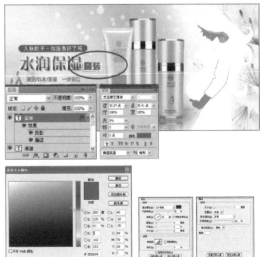

读书笔记

第 6 章
综合案例

本章主要是关于淘宝店铺装修综合案例的演示，通过甜美主义女装、新时尚绿植馆、精美饰品店、家居生活馆、彩妆护肤店、户外用品之家、母婴用品店等具体案例的讲解，使读者对店铺装修整体流程更加清晰。根据所学知识，结合自身所需，再加上少许的创意，便可装修出别具一格的淘宝店铺来。

6.1 甜美主义女装

本案例主要介绍了甜美主义女装店铺的装修，详尽地讲解了 2018 夏季新品会宣传主图的具体做法，其中涉及素材的多样化处理、特效的添加及整体光影的调节等。

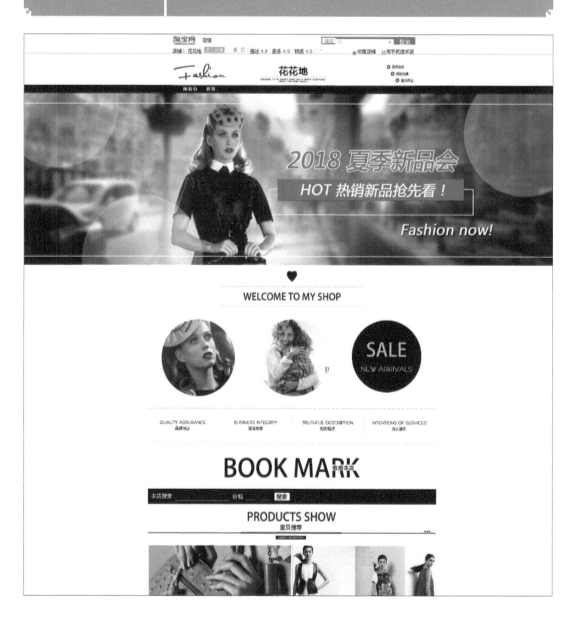

- **案例位置：** DVD\ 案例 \ 第 6 章 \6.1\complete

- **素材位置：** DVD\ 案例 \ 第 6 章 \6.1\media

- **视频位置：** DVD\ 视频 \ 第 6 章 \6.1

01 这一步的主要目的在于通过选择装修模板来确定后面的店铺装修中需要多少张图片。
登录淘宝网账户后单击"卖家中心"，通过"我是卖家 > 店铺管理 > 店铺装修 > 装修 > 模板管理 > 装修市场"的途径选择适合店铺风格的装修模板。

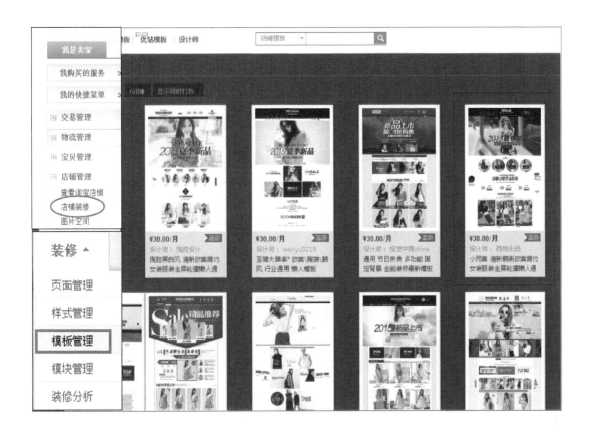

02 在 Photoshop 中制作出或者修出店铺装修所需要的图片，使其达到更佳的视觉效果。
在这里主要以 2018 夏季新品会的主图制作为例，具体讲解淘宝店铺中图片的制作方法，效果如下图所示。

001 执行"文件 > 新建"命令（快捷键 Ctrl+N），在弹出的"新建"对话框中对其参数进行设置后单击"确定"按钮。

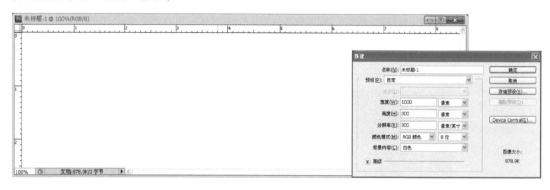

002 执行"文件 > 打开"命令，在弹出的"打开"对话框中选择"背景 素材.png"文件，双击将其导入到文档中，并调整其在画布上的位置，并将该图层的"不透明度"值调整为 56%。

003 单击"图层"面板下方的"创建新的填充或者调整图层"按钮，在弹出的下拉列表中选择"曲线"选项，对其参数进行设置，再通过添加图层蒙版并结合"画笔工具"的使用擦除画面中曲线不需要作用的部分。

004 新建图层后，用"矩形选框工具"在画布中绘制出矩形选区，执行"编辑 > 描边"命令，在弹出的"描边"对话框中对其参数进行设置后单击"确定"按钮。效果如下图所示。

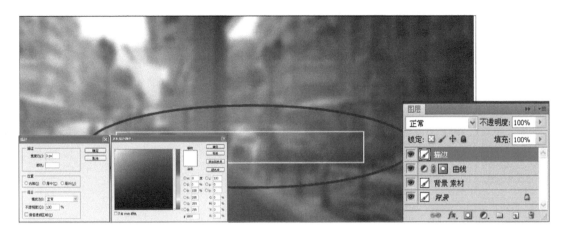

005 单击"图层"面板下方的"创建新的填充或者调整图层"按钮，在弹出的下拉列表中选择"渐变映射"选项，对其参数进行设置，并将该图层的"混合模式"更改为"柔光"、"不透明度"值改为 73%。

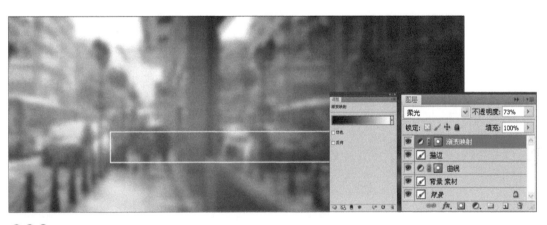

006 执行"文件 > 打开"命令，在弹出的"打开"对话框中选择"人像 素材.png"文件，双击将其导入到文档中，并调整其在画布上的位置，再通过添加图层蒙版并结合"画笔工具"的使用擦除画面中不需要作用的部分。

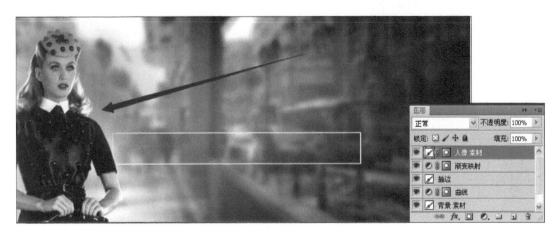

007 单击工具箱中的"文字工具"按钮，在画布中绘制文本框并输入对应的文字内容。执行"窗口 > 字符"命令，在弹出的"字符"面板中对其参数进行设置。

008 在"图层"面板中单击"添加图层样式"按钮，在弹出的下拉列表中选择"描边"选项，在弹出的"图层样式"对话框中对其参数进行设置后单击"确定"按钮。

009 新建图层后，用"矩形选框工具"在画布中绘制出矩形选区，将"前景色"设置为粉色后按下快捷键 Alt+Delete 进行填充。效果如下图所示。

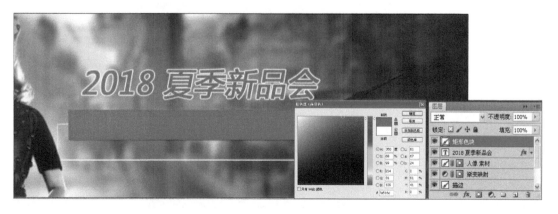

010 单击工具箱中的"文字工具"按钮，在画布中绘制文本框并输入对应的文字内容。执行"窗口 > 字符"命令，在弹出的"字符"面板中对其参数进行设置。

011 在"图层"面板中单击"添加图层样式"按钮，在弹出的下拉列表中选择"描边"选项，在弹出的"图层样式"对话框中对其参数进行设置后单击"确定"按钮。

012 在"图层"面板中单击"添加图层样式"按钮，在弹出的下拉列表中选择"投影"选项，在弹出的"图层样式"对话框中对其参数进行设置后单击"确定"按钮。效果如下图所示。

013 盖印可见图层后，执行"滤镜 > 模糊 > 高斯模糊"命令，在弹出的"高斯模糊"对话框中对其参数进行设置后单击"确定"按钮。再将该图层的"混合模式"更改为"柔光"、"不透明度"值设为 60%。效果如下图所示。

014 新建图层后，用"矩形选框工具"在画布中绘制出矩形选区，执行"编辑 > 描边"命令，在弹出的"描边"对话框中对其参数进行设置后单击"确定"按钮。效果如下图所示。

015 新建图层后，用"圆形选框工具"在画布中绘制出圆形选区，将"前景色"设置为白色后按下快捷键 Alt+Delete 进行填充，并将该图层的"不透明度"值调整为 31%。

016 对已经制作好的圆形色块进行复制，并将其调整至画布中合适的位置。最终效果如下图所示。

03 将调整后的照片上传至"图片空间"中，以便在装修的过程中可以随时调出来使用。通过"店铺管理＞图片空间"的途径上传调整好的照片。效果如下图所示。

04 对店铺模板中的各个模块进行设置，包括文字的描述及参数的调整等。首先是店铺招牌的编辑，在店铺装修面板中将鼠标移至店铺招牌区域，单击"编辑"按钮，在弹出的"店铺招牌"对话框中，通过在图片空间中复制并粘贴链接的方式来添加店招的图片。除此之外，其他参数根据需要设置。

05 单击页面右上角的"预览"按钮，在对店铺装修效果检查无误的情况下进行确定。

6.2

新时尚绿植馆

本案例主要介绍了新时尚绿植馆的装修，在主图的设计中将主色调定为了果绿色，体现出了绿植馆清新、自然的特点。同时，还应用到了融图的方式，使素材与背景之间巧妙融合。

● **案例位置：** DVD\ 案例 \ 第 6 章 \6.2\complete

● **素材位置：** DVD\ 案例 \ 第 6 章 \6.2\media

● **视频位置：** DVD\ 视频 \ 第 6 章 \6.2

01 这一步的主要目的在于通过选择装修模板来确定后面的店铺装修中需要多少张图片。登录淘宝网账户后单击"卖家中心"，通过"我是卖家 > 店铺管理 > 店铺装修 > 装修 > 模板管理 > 装修市场"途径选择适合店铺风格的装修模板。

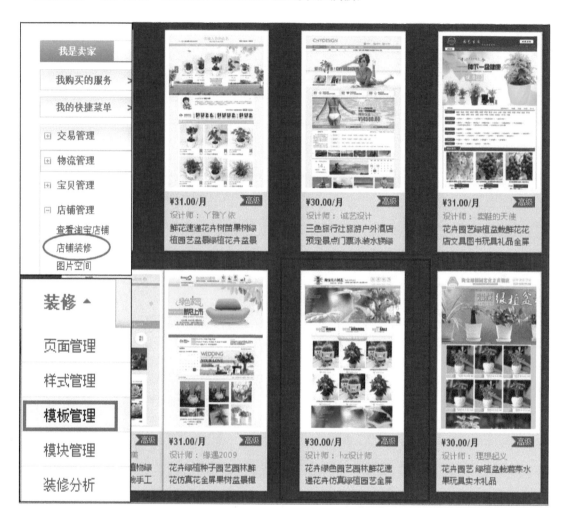

02 在 Photoshop 中制作出或者修出店铺装修所需要的图片，使其达到更佳的视觉效果。在这里主要以新时尚绿植馆主图的制作为例，具体讲解淘宝店铺中图片的制作方法。效果如下图所示。

001 执行"文件 > 新建"命令（快捷键 Ctrl+N），在弹出的"新建"对话框中对其参数进行设置，单击"确定"按钮。

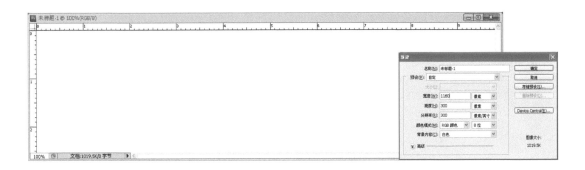

002 执行"文件 > 打开"命令，在弹出的"打开"对话框中选择"草地 素材.png"文件，双击将其导入到文档中，并调整其在画布上的位置，再通过添加图层蒙版并结合"画笔工具"的使用擦除画面中不需要作用的部分。

003 按照上述方式继续进行树木素材的添加，效果如下图所示。

004 按照上述方式继续进行兔耳朵素材的添加，效果如下图所示。

005 新建图层后用"矩形选框工具"在画布中绘制出矩形选区。执行"编辑 > 描边"命令，在弹出的"描边"对话框中对其参数进行设置后单击"确定"按钮。效果如下图所示。

006 单击"图层"面板下方的"创建新的填充或者调整图层"按钮，在弹出的下拉列表中选择"曲线"选项，对其参数进行设置，再通过添加图层蒙版并结合"画笔工具"的使用，擦除画面中曲线不需要作用的部分。效果如下图所示。

007 执行"文件 > 打开"命令，在弹出的"打开"对话框中选择"光效 素材 .png"文件，双击将其导入到文档中，并调整其在画布上的位置，再通过添加图层蒙版并结合"画笔工具"的使用擦除画面中不需要作用的部分。

008 单击工具箱中的"文字工具"按钮，在画布中绘制文本框并输入对应的文字内容。执行"窗口 > 字符"命令，在弹出的"字符"面板中对其参数进行设置。

009 单击工具箱中的"文字工具"按钮，在画布中绘制文本框并输入对应的文字内容。执行"窗口 > 字符"命令，在弹出的"字符"面板中对其参数进行设置。

010 单击工具箱中的"文字工具"按钮,在画布中绘制文本框并输入对应的文字内容。执行"窗口 > 字符"命令,在弹出的"字符"面板中对其参数进行设置。

011 单击工具箱中的"文字工具"按钮,在画布中绘制文本框并输入对应的文字内容。执行"窗口 > 字符"命令,在弹出的"字符"面板中对其参数进行设置。

012 单击工具箱中的"文字工具"按钮,在画布中绘制文本框并输入对应的文字内容。执行"窗口 > 字符"命令,在弹出的"字符"面板中对其参数进行设置。

013单击工具箱中的"文字工具"按钮,在画布中绘制文本框并输入对应的文字内容。执行"窗口 > 字符"命令,在弹出的"字符"面板中对其参数进行设置。

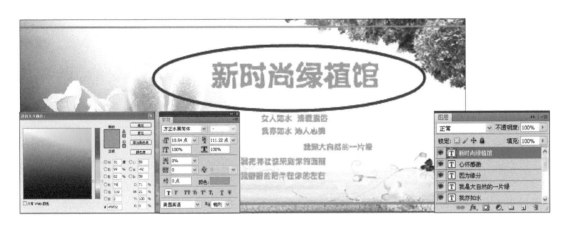

014在"图层"面板中单击"添加图层样式"按钮,在弹出的下拉列表中选择"投影"选项,在弹出的"图层样式"对话框中对其参数进行设置后单击"确定"按钮。

015在"图层"面板中单击"添加图层样式"按钮,在弹出的下拉列表中选择"描边"选项,在弹出的"图层样式"对话框中对其参数进行设置后单击"确定"按钮。最终效果如下图所示。

03 将调整后的照片上传至"图片空间"中，以便在装修的过程中可以随时调出来使用。通过"店铺管理 > 图片空间"途径上传调整好的照片。效果如下图所示。

04 对店铺模板中的各个模块进行设置，包括文字的描述及参数的调整等。首先是店铺招牌的编辑，在店铺装修面板中将鼠标移至店铺招牌区域，单击"编辑"按钮，在弹出的"店招模块"对话框中，通过在图片空间中复制并粘贴链接的方式来添加店招图片。除此之外，其他参数根据需要进行设置。

05 单击页面右上角的"预览"按钮，在对店铺装修效果检查无误的情况下进行确定。最终效果如下图所示。

6.3

精美饰品店

本案例主要介绍精美饰品店的装修，在主图的设计中，需要注意文字效果的制作及图层样式的改变，在该案例中的使用频率是较高的。

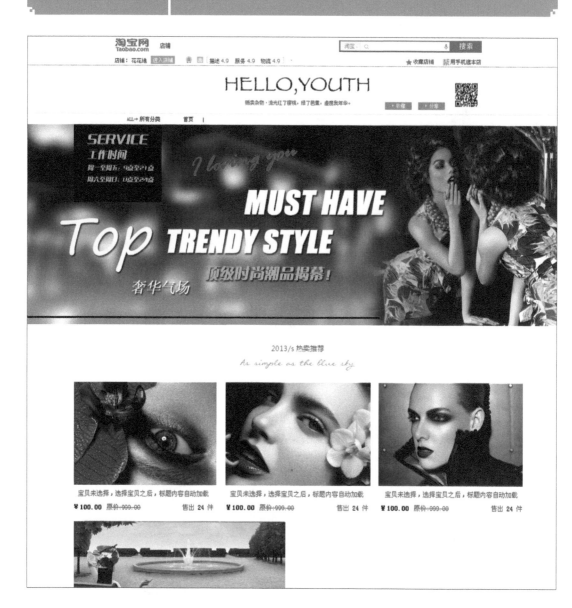

● **案例位置：** DVD\ 案例 \ 第 6 章 \6.3\complete

● **素材位置：** DVD\ 案例 \ 第 6 章 \6.3\media

● **视频位置：** DVD\ 视频 \ 第 6 章 \6.3

01 这一步的主要目的在于通过选择装修模板来确定后面的店铺装修中需要多少张图片。登录淘宝网账户后单击"卖家中心"，通过"我是卖家 > 店铺管理 > 店铺装修 > 装修 > 模板管理 > 装修市场"途径选择适合店铺风格的装修模板。

02 在 Photoshop 中制作出或者修出店铺装修所需要的图片，使其达到更佳的视觉效果。在这里主要以精美饰品店铺主图的制作为例，具体讲解淘宝店铺中图片的制作方法。效果如下图所示。

001 执行"文件 > 新建"命令（快捷键 Ctrl+N），在弹出的"新建"对话框中对其参数进行设置后单击"确定"按钮。

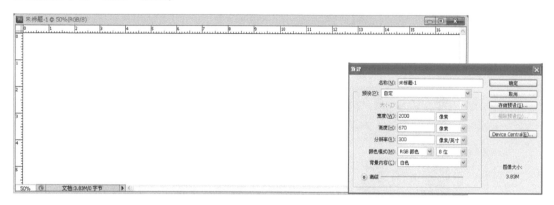

002 执行"文件 > 打开"命令，在弹出的"打开"对话框中选择"背景 素材.png"文件，双击将其导入到文档中，并调整其在画布上的位置。

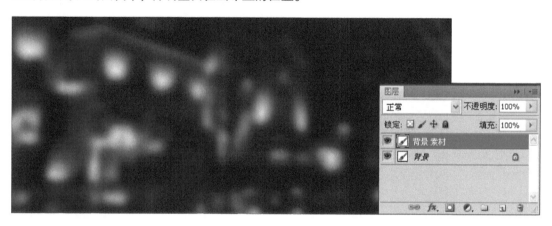

003 新建图层后，单击工具箱中的"渐变工具"按钮，在属性栏中单击"点按可编辑渐变"按钮，在弹出的"渐变编辑器"对话框中，设置相关参数，对图像底边进行渐变处理，并将该图层的"不透明度"值调整为 59%。

004 执行"文件 > 打开"命令，在弹出的"打开"对话框中选择"人像 素材.png"文件，双击将其导入到文档中，并调整其在画布上的位置，再通过添加图层蒙版并结合"画笔工具"的使用擦除画面中不需要作用的部分。

005 新建图层后，用"矩形选框工具"在画布中绘制出矩形选区，将"前景色"设置为黑色后，按下快捷键 Alt+Delete 进行填充即可。效果如下图所示。

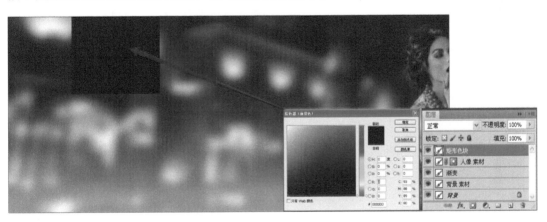

006 单击工具箱中的"文字工具"按钮，在画布中绘制文本框并输入对应的文字内容。执行"窗口 > 字符"命令，在弹出的"字符"面板中对其参数进行设置。

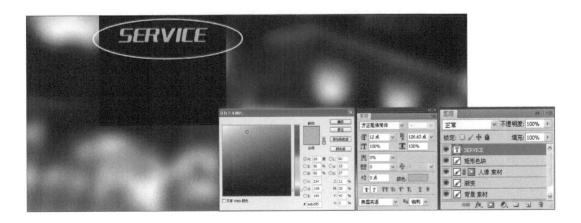

007 按照上述方式继续进行文字效果的制作。效果如下图所示。

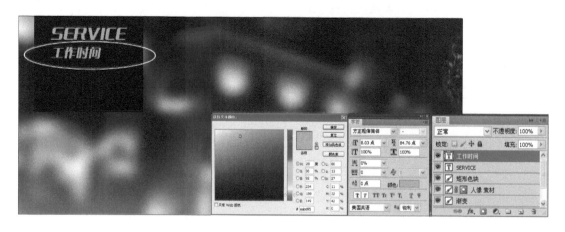

008 按照上述方式继续进行文字效果的制作。效果如下图所示。

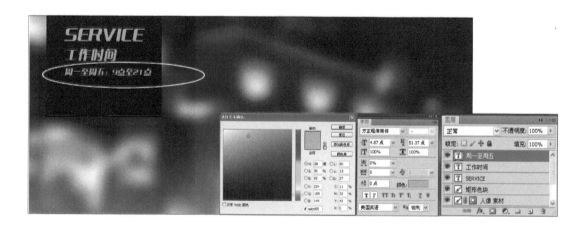

009 单击工具箱中的"文字工具"按钮，在画布中绘制文本框并输入对应的文字内容。执行"窗口 > 字符"命令，在弹出的"字符"面板中对其参数进行设置。

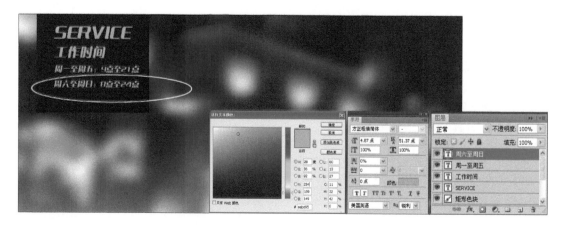

010 单击工具箱中的"文字工具"按钮,在画布中绘制文本框并输入对应的文字内容。执行"窗口 > 字符"命令,在弹出的"字符"面板中对其参数进行设置。

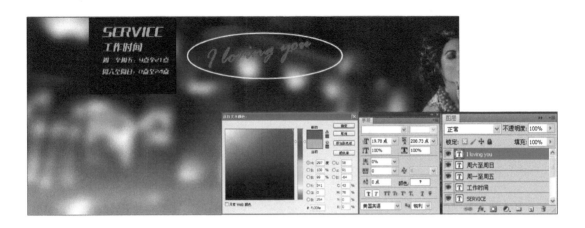

011 单击工具箱中的"文字工具"按钮,在画布中绘制文本框并输入对应的文字内容。执行"窗口 > 字符"命令,在弹出的"字符"面板中对其参数进行设置。

012 在"图层"面板中单击"添加图层样式"按钮,在弹出的下拉列表中选择"投影"选项,在弹出的"图层样式"对话框中对其参数进行设置后单击"确定"按钮。

013 按照上述方式继续进行文字效果的制作，并在"图层"面板中单击"添加图层样式"按钮，在弹出的下拉列表中选择"投影"选项，在弹出的"图层样式"对话框中对其参数进行设置后单击"确定"按钮。

014 按照上述方式继续进行文字效果的制作，并在"图层"面板中单击"添加图层样式"按钮，在弹出的下拉列表中选择"投影"选项，在弹出的"图层样式"对话框中对其参数进行设置后单击"确定"按钮。

015 按照上述方式继续进行其他文字效果的制作，并通过添加图层样式的方式对文字进行投影效果的制作。效果如下图所示。

016 新建图层后用"矩形选框工具"在画布中绘制出线条选区，将"前景色"设置为黑色后，按下快捷键 Alt+Delete 进行填充。最终效果如下图所示。

03 将调整后的照片上传至"图片空间"中，以便在装修的过程中可以随时调出来使用。通过"店铺管理>图片空间"途径将调整好的照片上传。效果如右图所示。

04 对店铺模板中的各个模块进行设置，包括文字的描述及参数的调整等。首先是店铺招牌的编辑，在店铺装修面板中将鼠标移至店铺招牌区域，单击"编辑"按钮，在弹出的"店铺招牌"对话框中，通过在图片空间中复制并粘贴链接的方式来添加店招的图片。除此之外，其他参数根据需要进行设置。效果如右图所示。

05 单击页面右上角的"预览"按钮，在对店铺装修效果检查无误的情况下进行确定。最终效果如右图所示。

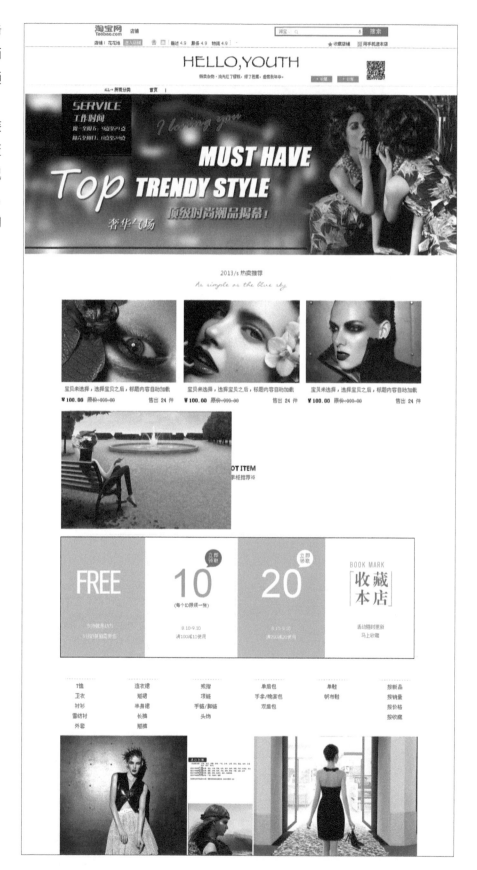

6.4 家居生活馆

本案例主要介绍了家居生活馆的装修，在该案例中值得一提的是，为了使整体店铺呈现出风格时尚且色调统一的效果，在用图方面我们较为倾向于草绿色产品图片的应用。

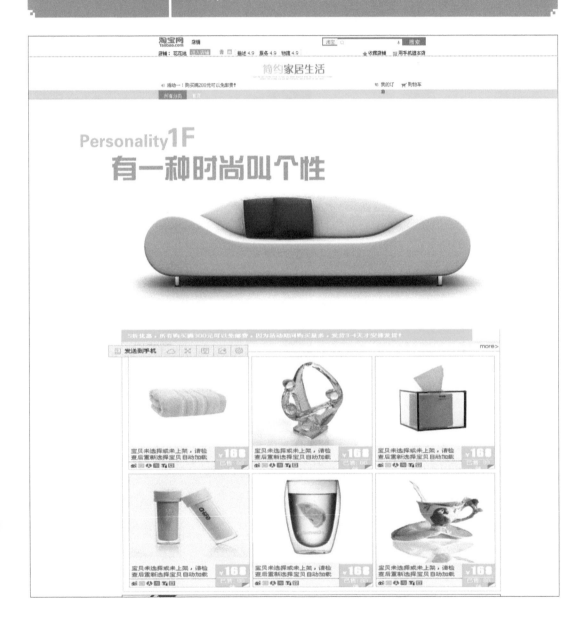

● **案例位置：** DVD\案例\第 6 章\6.4\complete

● **素材位置：** DVD\案例\第 6 章\6.4\media

● **视频位置：** DVD\视频\第 6 章\6.4

01 这一步的主要目的在于通过选择装修模板来确定后面的店铺装修中需要多少张图片。登录淘宝网账户后单击"卖家中心"，通过"我是卖家 > 店铺管理 > 店铺装修 > 装修 > 模板管理 > 装修市场"途径选择适合店铺风格的装修模板。

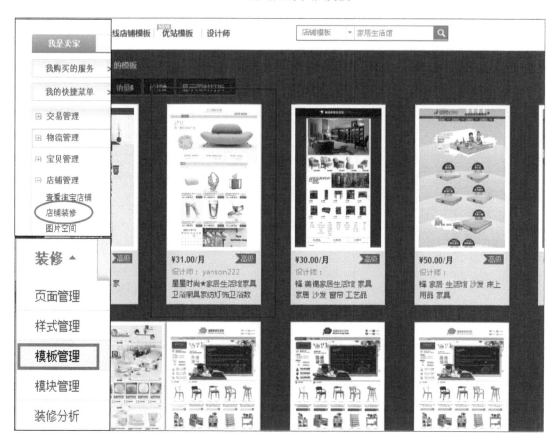

02 在 Photoshop 中制作出或者修出店铺装修所需要的图片，使其达到更佳的视觉效果。在这里主要以家居生活馆所用图像的制作为例，具体讲解淘宝店铺中图片的制作方法。效果如下图所示。

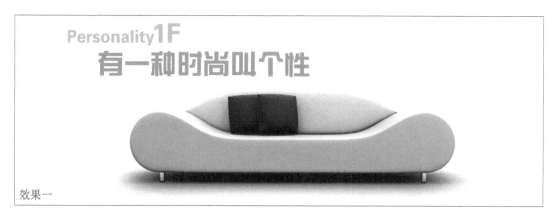

效果一

案例一

001 执行"文件 > 新建"命令（快捷键 Ctrl+N），在弹出的"新建"对话框中对其参数进行设置后单击"确定"按钮。

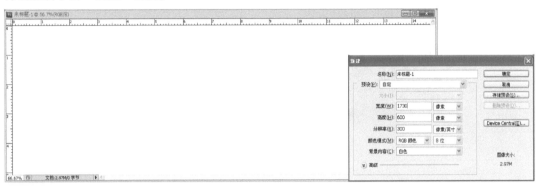

002 执行"文件 > 打开"命令，在弹出的"打开"对话框中选择"产品 素材.png"文件，双击将其导入到文档中，并调整其在画布上的位置，再通过添加图层蒙版并结合"画笔工具"的使用擦除画面中不需要作用的部分。

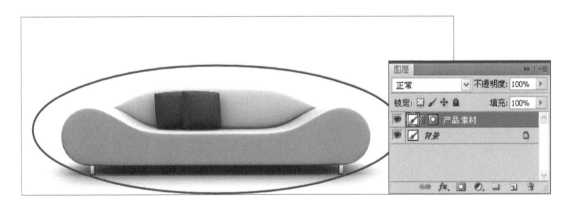

003 单击"图层"面板下方的"创建新的填充或者调整图层"按钮，在弹出的下拉列表中选择"曲线"选项，对其参数进行设置，再通过创建剪贴蒙版的方式将曲线调整于目标图层。

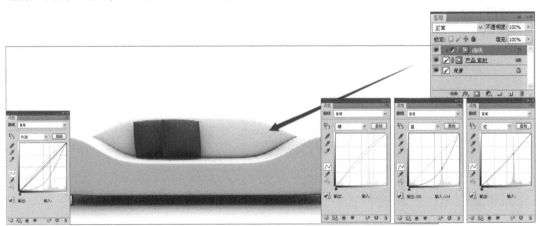

004 单击"图层"面板下方的"创建新的填充或者调整图层"按钮，在弹出的下拉列表中选择"色相/饱和度"选项，对其参数进行设置。

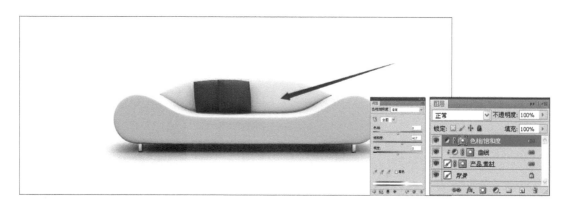

005 单击"图层"面板下方的"创建新的填充或者调整图层"按钮，在弹出的下拉列表中选择"曲线"选项，对其参数进行设置，并将该图层的"不透明度"值调整为 32%。

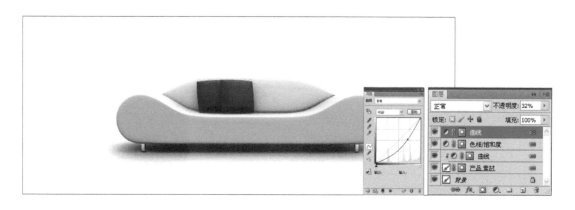

006 单击工具箱中的"文字工具"按钮，在画布中绘制文本框并输入对应的文字内容。执行"窗口 > 字符"命令，在弹出的"字符"面板中对其参数进行设置。

007 单击工具箱中的"文字工具"按钮,在画布中绘制文本框并输入对应的文字内容。执行"窗口 > 字符"命令,在弹出的"字符"面板中对其参数进行设置。

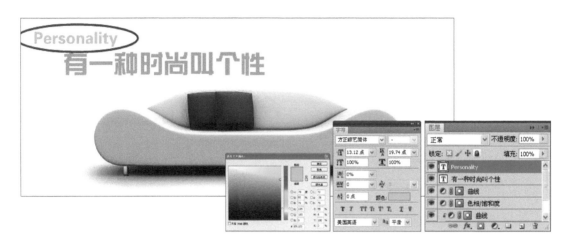

008 单击工具箱中的"文字工具"按钮,在画布中绘制文本框并输入对应的文字内容。执行"窗口 > 字符"命令,在弹出的"字符"面板中对其参数进行设置。最终效果如下图所示。

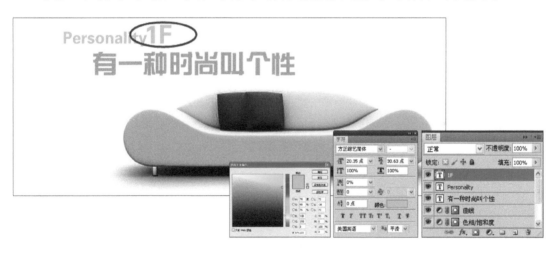

效果二

案例二

001 执行"文件 > 新建"命令（快捷键 Ctrl+N），在弹出的"新建"对话框中对其参数进行设置后单击"确定"按钮。

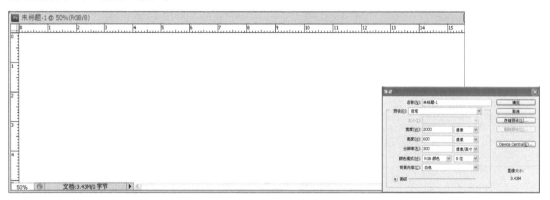

002 单击工具箱中的"文字工具"按钮，在画布中绘制文本框并输入对应的文字内容。执行"窗口 > 字符"命令，在弹出的"字符"面板中对其参数进行设置。

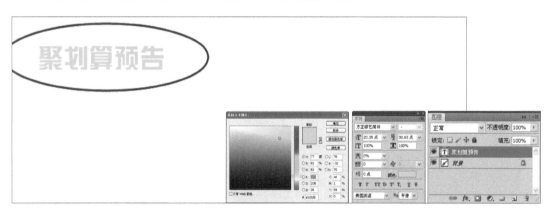

003 新建图层后用"矩形选框工具"在画布中绘制出矩形选区，将"前景色"设置为绿色后，按下快捷键 Alt+Delete 进行填充。

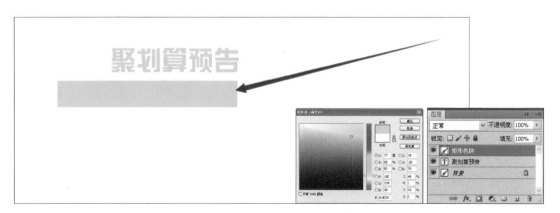

004 单击工具箱中的"文字工具"按钮,在画布中绘制文本框并输入对应的文字内容。执行"窗口 > 字符"命令,在弹出的"字符"面板中对其参数进行设置。

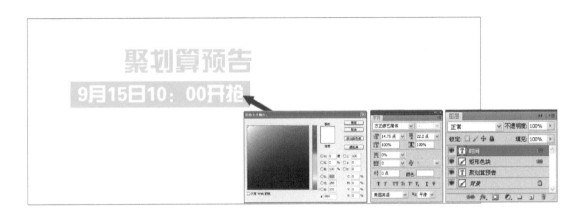

005 单击工具箱中的"文字工具"按钮,在画布中绘制文本框并输入对应的文字内容。执行"窗口 > 字符"命令,在弹出的"字符"面板中对其参数进行设置。

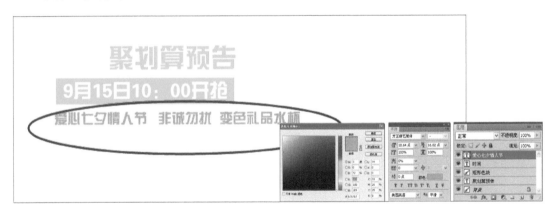

006 单击工具箱中的"文字工具"按钮,在画布中绘制文本框并输入对应的文字内容。执行"窗口 > 字符"命令,在弹出的"字符"面板中对其参数进行设置。

007 按照上述方式继续进行矩形色块的制作，并通过"移动工具"的使用将制作好的矩形色块调整至画布左上角的位置。效果如下图所示。

008 单击工具箱中的"文字工具"按钮，在画布中绘制文本框并输入对应的文字内容。执行"窗口 > 字符"命令，在弹出的"字符"面板中对其参数进行设置。

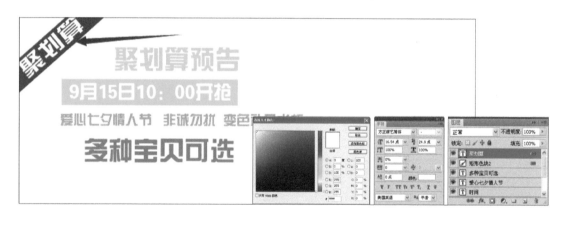

009 执行"文件 > 打开"命令，在弹出的"打开"对话框中选择"产品 素材.png"文件，双击将其导入到文档中，并调整其在画布上的位置。

010 复制产品素材后通过垂直翻转的方式将其放置在倒影的位置，再通过添加图层蒙版并结合"渐变工具"的使用制作出真实的倒影效果，并将该图层的"不透明度"值调整为64%。最终效果如下图所示。

03 将调整后的照片上传至"图片空间"中，以便在装修的过程中可以随时调出来使用。通过"店铺管理 > 图片空间"途径上传调整好的照片。效果如右图所示。

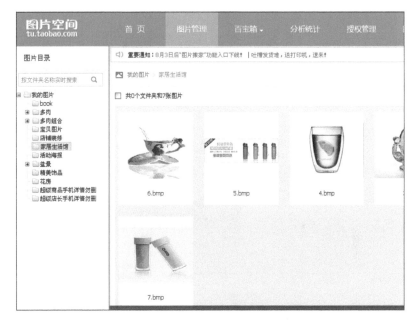

04 对店铺模板中的各个模块进行设置，包括文字的描述及参数的调整等。首先是店铺招牌的编辑，在店铺装修面板中将鼠标移至店铺招牌区域，单击"编辑"按钮，在弹出的"店铺招牌"对话框中，通过在图片空间中复制并粘贴链接的方式来添加店招的图片。除此之外，其他参数根据需要进行设置。效果如右图所示。

05 单击页面右上角的"预览"按钮，在对店铺装修效果检查无误的情况下进行确定。最终效果如右图所示。

6.5 彩妆护肤店

本案例主要介绍了彩妆护肤店的装修，在主图的设计中为了凸显出彩妆本身的时尚与个性，在素材处理上采用了以低饱和度的背景来映衬高饱和度的人像素材，使主题更突出。

● **案例位置：** DVD\ 案例 \ 第 6 章 \6.5\complete

● **素材位置：** DVD\ 案例 \ 第 6 章 \6.5\media

● **视频位置：** DVD\ 视频 \ 第 6 章 \6.5

01 这一步的主要目的在于通过选择装修模板来确定后面的店铺装修中需要多少张图片。登录淘宝网账户后单击"卖家中心"，通过"我是卖家 > 店铺管理 > 店铺装修 > 装修 > 模板管理 > 装修市场"途径选择适合店铺风格的装修模板。

02 在 Photoshop 中制作出或者修出店铺装修所需要的图片，使其达到更佳的视觉效果。在这里主要以彩妆护肤店所用图像的制作为例，具体讲解淘宝店铺中图片的制作方法。效果如下图所示。

效果一

案例一

001 执行"文件 > 新建"命令（快捷键 Ctrl+N），在弹出的"新建"对话框中对其参数进行设置后单击"确定"按钮。

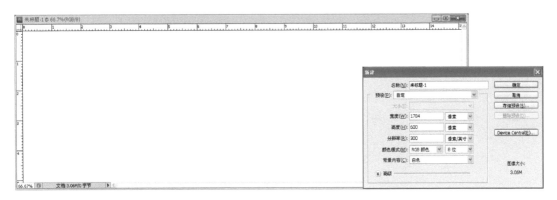

002 新建图层后，单击工具箱中的"渐变工具"按钮，在属性栏中单击"点按可编辑渐变"按钮，在弹出的"渐变编辑器"对话框中，设置相关参数，对新建的图层进行渐变处理。

003 执行"文件 > 打开"命令，在弹出的"打开"对话框中选择"人像 素材.png"文件，双击将其导入到文档中，并调整其在画布上的位置，再通过添加图层蒙版并结合"画笔工具"的使用擦除画面中不需要作用的部分。

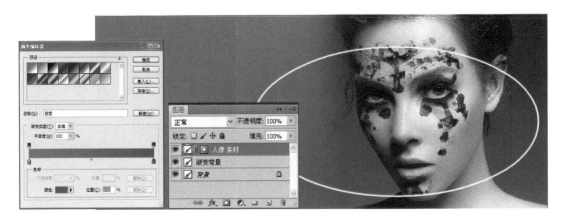

004 按照上述方式继续进行"彩妆 素材.png"的添加，并通过添加图层蒙版并结合"画笔工具"的使用擦除画面中不需要作用的部分。

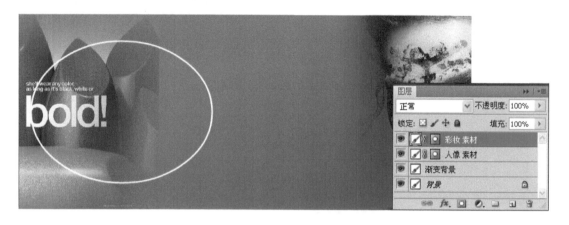

005 单击"图层"面板下方的"创建新的填充或者调整图层"按钮，在弹出的下拉列表中选择"色相 / 饱和度"选项，对其参数进行设置，并执行"图层 > 创建剪贴蒙版"命令，将所选图层置入目标图层中。

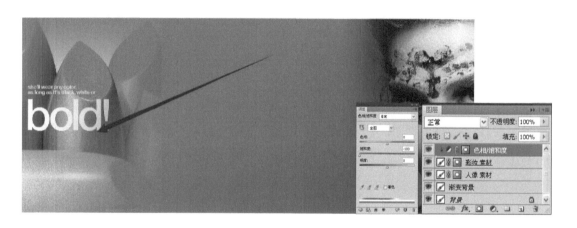

006 单击工具箱中的"文字工具"按钮，在画布中绘制文本框并输入对应的文字内容。执行"窗口 > 字符"命令，在弹出的"字符"面板中对其参数进行设置。

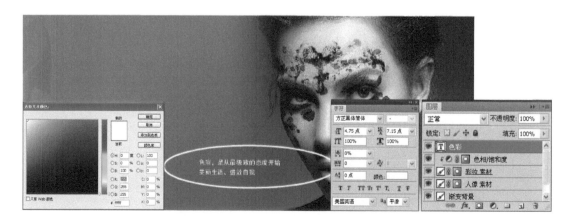

007 执行“文件 > 打开”命令，在弹出的“打开”对话框中选择“花纹 素材.png”和“花纹 素材 2.png”文件，双击将其导入到文档中，并调整其在画布上的位置。效果如下图所示。

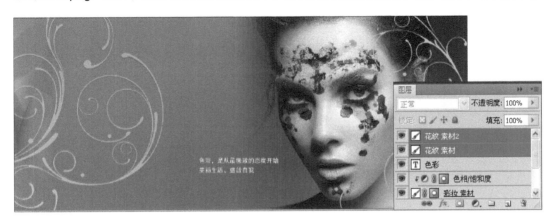

008 新建图层后用“矩形选框工具”在画布中绘制出下图所示的矩形选区，再执行“编辑 > 描边”命令，在弹出的“描边”对话框中对其参数进行设置后单击“确定”按钮。

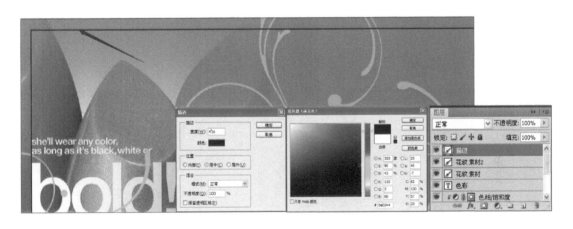

009 单击工具箱中的“文字工具”按钮，在画布中绘制文本框并输入对应的文字内容。执行“窗口 > 字符”命令，在弹出的“字符”面板中对其参数进行设置。

010 单击工具箱中的"文字工具"按钮，在画布中绘制文本框并输入对应的文字内容。执行"窗口 > 字符"命令，在弹出的"字符"面板中对其参数进行设置。

011 单击工具箱中的"文字工具"按钮，在画布中绘制文本框并输入对应的文字内容。执行"窗口 > 字符"命令，在弹出的"字符"面板中对其参数进行设置后单击确定。最终效果如下图所示。

效果二

案例一

001 执行"文件 > 新建"命令（快捷键 Ctrl+N），在弹出的"新建"对话框中对其参数进行设置后单击"确定"按钮。

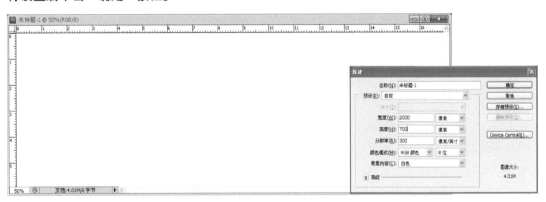

002 执行"文件 > 打开"命令，在弹出的"打开"对话框中选择"背景 素材.png"文件，双击将其导入到文档中，并调整其在画布上的位置。

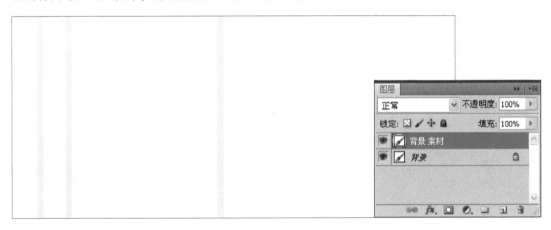

003 按照上述方式继续进行"人像 素材.png"的添加，再通过添加图层蒙版并结合"画笔工具"的使用擦除画面中不需要作用的部分。效果如下图所示。

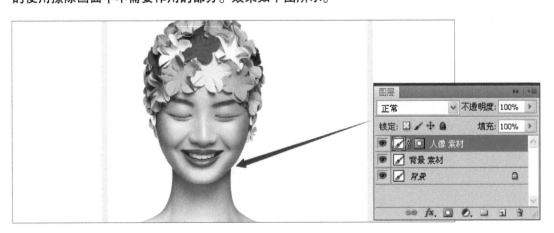

004 单击工具箱中的"文字工具"按钮，在画布中绘制文本框并输入对应的文字内容。执行"窗口 > 字符"命令，在弹出的"字符"面板中对其参数进行设置。

005 单击工具箱中的"文字工具"按钮，在画布中绘制文本框并输入对应的文字内容。执行"窗口 > 字符"命令，在弹出的"字符"面板中对其参数进行设置。

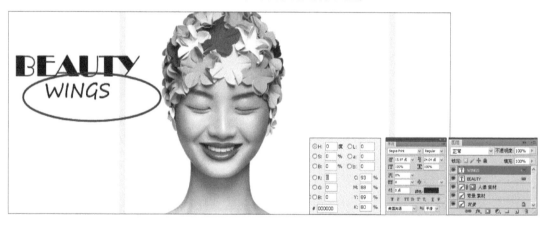

006 单击工具箱中的"文字工具"按钮，在画布中绘制文本框并输入对应的文字内容。执行"窗口 > 字符"命令，在弹出的"字符"面板中对其参数进行设置。

007 单击工具箱中的"文字工具"按钮，在画布中绘制文本框并输入对应的文字内容。执行"窗口 > 字符"命令，在弹出的"字符"面板中对其参数进行设置。最终效果如下图所示。

03 将调整后的照片上传至"图片空间"中，以便在装修的过程中可以随时调出来使用。通过"店铺管理 > 图片空间"途径上传调整好的照片。效果如右图所示。

04 对店铺模板中的各个模块进行设置，包括文字的描述及参数的调整等。首先是店铺招牌的编辑，在店铺装修面板中将鼠标移至店铺招牌区域，单击"编辑"按钮，在弹出的"店招"对话框中，通过在图片空间中复制并粘贴链接的方式来添加店招的图片。除此之外，其他参数根据需要进行设置。效果如右图所示。

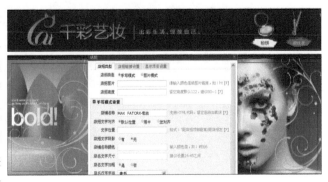

05 单击页面右上角的"预览"按钮，在对店铺装修效果检查无误的情况下进行确定。最终效果如右图所示。

6.6

户外用品之家

本案例主要介绍了户外用品店的装修，在图像的处理上通常会选择以蓝天、白云等为背景，再通过有代表性的产品素材的添加，衬托出户外用品店铺的特点。

● **案例位置：** DVD\ 案例 \ 第 6 章 \6.6\complete

● **素材位置：** DVD\ 案例 \ 第 6 章 \6.6\media

● **视频位置：** DVD\ 视频 \ 第 6 章 \6.6

01 这一步的主要目的在于通过选择装修模板来确定后面的店铺装修中需要多少张图片。登录淘宝网账户后单击"卖家中心"，通过"我是卖家 > 店铺管理 > 店铺装修 > 装修 > 模板管理 > 装修市场"途径选择适合店铺风格的装修模板。

02 在 Photoshop 中制作出或者修出店铺装修所需要的图片，使其达到更佳的视觉效果。在这里主要以户外用品店所用图像的制作为例，具体讲解淘宝店铺中图片的制作方法。效果如下图所示。

案例一

001 执行"文件 > 新建"命令（快捷键 Ctrl+N），在弹出的"新建"对话框中对其参数进行设置后单击"确定"按钮。

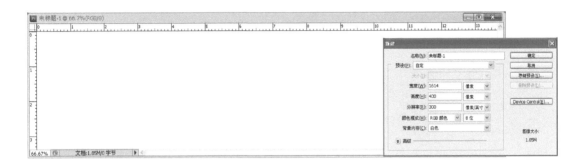

002 新建图层后，单击工具箱中的"渐变工具"按钮，在属性栏中单击"点按可编辑渐变"按钮，在弹出的"渐变编辑器"对话框中，设置相关参数，对新建的图层进行渐变处理。

003 执行"文件 > 打开"命令，在弹出的"打开"对话框中选择中"帐篷 素材.png"文件，双击将其导入到文档中，并调整其在画布上的位置。

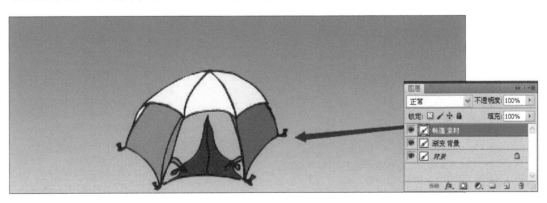

004 执行"文件 > 打开"命令，在弹出的"打开"对话框中选择"野花 素材.png"文件，双击将其导入到文档中，并调整其在画布上的位置，再通过添加图层蒙版并结合"画笔工具"的使用擦除画面中不需要作用的部分。

005 单击"图层"面板下方的"创建新的填充或者调整图层"按钮，在弹出的下拉列表中选择"曲线"选项，对其参数进行设置，并执行"图层 > 创建剪贴蒙版"命令，将所选图层置入目标图层中。

006 按照上述方式继续进行"草地 素材.png"的添加，再通过添加图层蒙版并结合"画笔工具"的使用擦除画面中不需要作用的部分。在"图层"面板中将该图层的"混合模式"更改为"正片叠底"。

007 单击"图层"面板下方的"创建新的填充或者调整图层"按钮，在弹出的下拉列表中选择"曲线"选项，对其参数进行设置，并执行"图层 > 创建剪贴蒙版"命令，将所选图层置入目标图层中。

008 新建图层后，用"钢笔工具"在画布中勾勒出三角形的闭合路径，转换为选区后将"前景色"设置为白色，按下快捷键 Alt+Delete 进行填充。效果如下图所示。

009 按照上述方式继续进行三角形色块的制作。效果如下图所示。

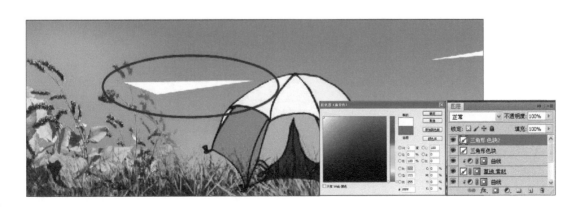

010 单击工具箱中的"文字工具"按钮，在画布中绘制文本框并输入对应的文字内容。执行"窗口 > 字符"命令，在弹出的"字符"面板中对其参数进行设置。

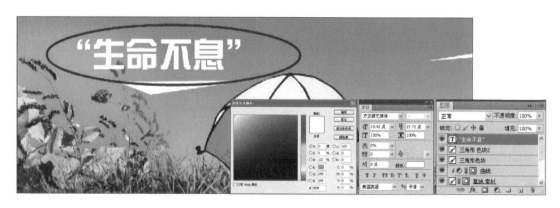

011 单击工具箱中的"文字工具"按钮，在画布中绘制文本框并输入对应的文字内容。执行"窗口 > 字符"命令，在弹出的"字符"面板中对其参数进行设置。

012 单击工具箱中的"文字工具"按钮，在画布中绘制文本框并输入对应的文字内容。执行"窗口 > 字符"命令，在弹出的"字符"面板中对其参数进行设置。

013 新建图层后用"钢笔工具"在画布中勾勒出三角形的闭合路径，转换为选区后将"前景色"设置为白色，按下快捷键 Alt+Delete 进行填充。最终效果如下图所示。

案例二

001 执行"文件 > 新建"命令（快捷键 Ctrl+N），在弹出的"新建"对话框中对其参数进行设置后单击"确定"按钮。

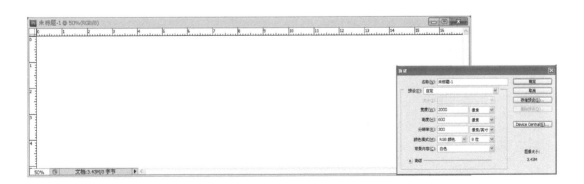

002 新建图层后单击工具箱中的"渐变工具"按钮，在属性栏中单击"点按可编辑渐变"按钮，在弹出的"渐变编辑器"对话框中，设置相关参数，对新建的图层进行渐变处理。

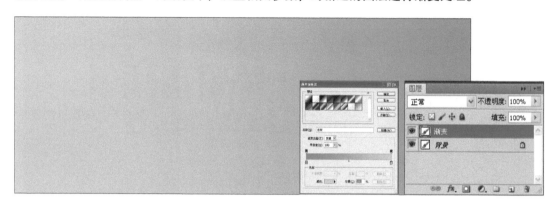

003 新建图层后，用"圆角矩形工具"在画布中勾勒出圆角矩形闭合路径，转换为选区后将"前景色"设置为深蓝色，按下快捷键 Alt+Delete 进行填充。

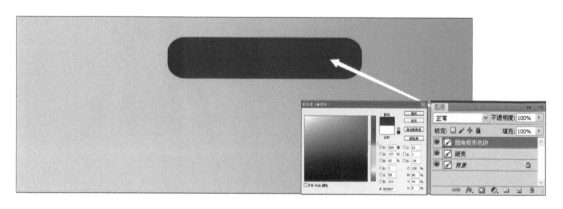

004 新建图层后，用"圆角矩形工具"在画布中勾勒出圆角矩形闭合路径，转换为选区后执行"编辑 > 描边"命令，在弹出的"描边"对话框中对其参数进行设置，单击"确定"按钮。

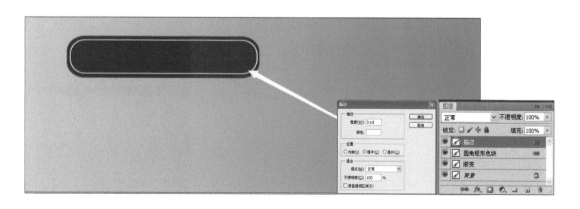

005 单击工具箱中的"文字工具"按钮，在画布中绘制文本框并输入对应的文字内容。执行"窗口 > 字符"命令，在弹出的"字符"面板中对其参数进行设置。

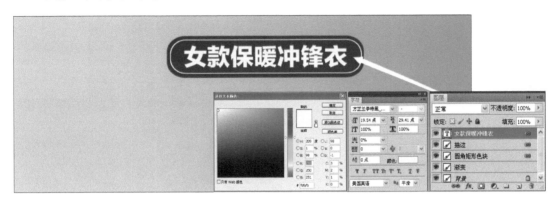

006 在画布中添加"人像 素材.png"后，通过添加图层蒙版并结合"画笔工具"的使用擦除画面中不需要作用的部分，再将该图层的"混合模式"更改为"正片叠底"、"不透明度"值改为 72%。

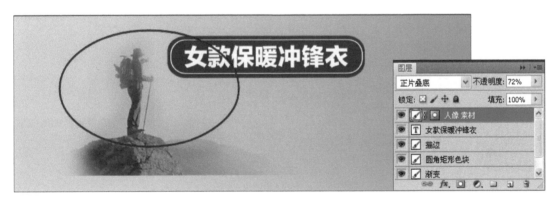

007 执行"文件 > 打开"命令，在弹出的"打开"对话框中选择"山脉 素材.png"文件，双击将其导入到文档中，并调整其在画布上的位置。效果如下图所示。

008 新建图层后，用"矩形选框工具"在画布中绘制出线条选区，将"前景色"设置为深蓝色后，按下快捷键 Alt+Delete 进行填充。

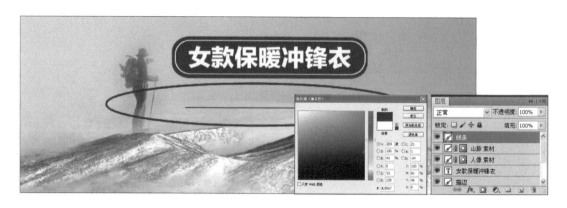

009 单击工具箱中的"文字工具"按钮，在画布中绘制文本框并输入对应的文字内容。执行"窗口 > 字符"命令，在弹出的"字符"面板中对其参数进行设置。

010 复制线条后将其调整到画布中的合适位置，并按照上述方式继续进行文字效果的制作。效果如下图所示。

011 新建图层后，用"矩形选框工具"在画布中绘制出矩形选区，将"前景色"设置为深蓝色后按下快捷键 Alt+Delete 进行填充。效果如下图所示。

012 单击工具箱中的"文字工具"按钮，在画布中绘制文本框并输入对应的文字内容。执行"窗口 > 字符"命令，在弹出的"字符"面板中对其参数进行设置。

013 执行"文件 > 打开"命令，在弹出的"打开"对话框中选择"冲锋衣 素材.png"文件，双击将其导入到文档中，并调整其在画布上的位置。效果如下图所示。

014 单击"图层"面板下方的"创建新的填充或者调整图层"按钮，在弹出的下拉列表中选择"曲线"选项，对其参数进行设置，并用"画笔工具"擦除蒙版的方式擦除画面曲线中不需要作用的部分。最终效果如下图所示。

03 将调整后的照片上传至"图片空间"中，以便在装修的过程中可以随时调出来使用。通过"店铺管理>图片空间"途径上传调整好的照片。效果如右图所示。

04 对店铺模板中的各个模块进行设置，包括文字的描述及参数的调整等。首先是店铺招牌的编辑，在店铺装修面板中将鼠标移至店铺招牌区域，单击"编辑"按钮，在弹出的"店铺招牌"对话框中，通过在图片空间中复制并粘贴链接的方式来添加店招的图片。除此之外，其他参数根据需要进行设置。效果如右图所示。

单击页面右上角的"预览"按钮，在对店铺装修效果检查无误的情况下进行确定。最终效果如右图所示。

Photoshop 网店装修设计

6.7 母婴用品店

本案例主要介绍了母婴用品店的装修，在色调上选择了清新、明快的水蓝色作为主色，更符合母婴店本身的特点。对部分素材半透明化的处理，使其看起来更加通透、灵动。

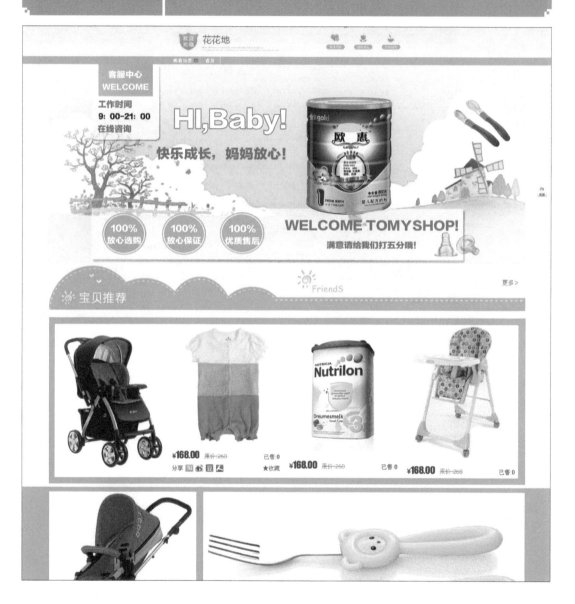

- **案例位置：** DVD\ 案例 \ 第 6 章 \6.7\complete
- **素材位置：** DVD\ 案例 \ 第 6 章 \6.7\media
- **视频位置：** DVD\ 视频 \ 第 6 章 \6.7

01 这一步的主要目的在于通过选择装修模板来确定后面的店铺装修中需要多少张图片。登录淘宝网账户后单击"卖家中心"，通过"我是卖家 > 店铺管理 > 店铺装修 > 装修 > 模板管理 > 装修市场"途径选择适合店铺风格的装修模板。

02 在 Photoshop 中制作出或者修出店铺装修所需要的图片，使其达到更佳的视觉效果。在这里主要以母婴用品店所用图像的制作为例，具体讲解淘宝店铺中图片的制作方法。效果如下图所示。

001 执行 "文件 > 新建" 命令（快捷键 Ctrl+N），在弹出的 "新建" 对话框中对其参数进行设置后单击 "确定" 按钮。

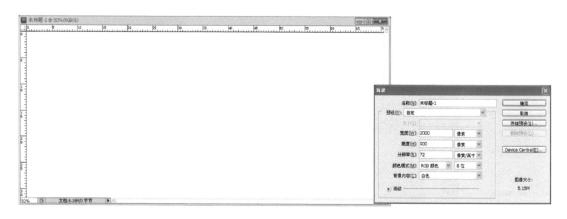

002 执行 "文件 > 打开" 命令，在弹出的 "打开" 对话框中选择中 "背景 素材.png" 文件，双击将其导入到文档中，并调整其在画布上的位置。

003 新建图层后用 "矩形选框工具" 在画布中绘制出矩形选区，将 "前景色" 设置为白色后，按下快捷键 Alt+Delete 进行填充，并将该图层的 "不透明度" 值调整为 59%。

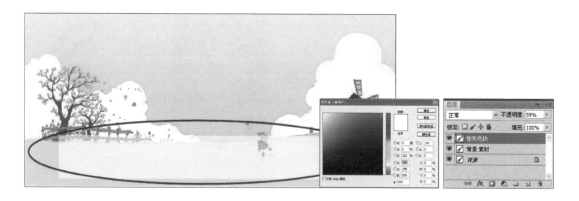

004 在"图层"面板中单击"添加图层样式"按钮，在弹出的下拉列表中选择"投影"选项，在弹出的"图层样式"对话框中对其参数进行设置后单击"确定"按钮。

005 新建图层后，用"圆角矩形工具"在画布中勾勒出圆角矩形闭合路径，转换为选区后将"前景色"设置为白色进行填充，并将该图层的"不透明度"值调整为 60%。

006 在"图层"面板中单击"添加图层样式"按钮，在弹出的下拉列表中选择"投影"选项，在弹出的"图层样式"对话框中对其参数进行设置后单击"确定"按钮。

007 新建图层后，用"圆形选框工具"在画布中绘制出椭圆形选区，反选后进行羽化处理。将"前景色"设置为白色后按下快捷键 Alt+Delete 进行填充，并将该图层的"不透明度"值调整为 72%。

008 新建图层后，用"圆形选框工具"在画布中绘制出圆形选区，将"前景色"设置为湖蓝色后按下快捷键 Alt+Delete 进行填充。

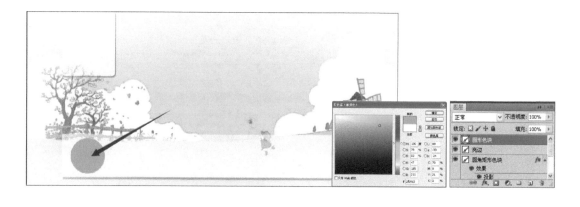

009 新建图层后，用"圆形选框工具"在画布中绘制出圆形选区，执行"编辑 > 描边"命令，在弹出的"描边"对话框中对其参数进行设置后单击"确定"按钮。

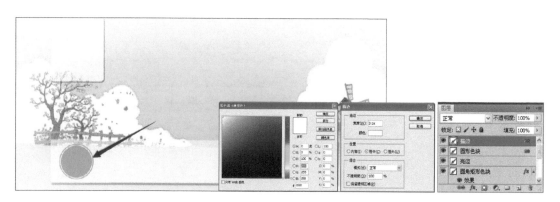

010 按照上述方式继续进行圆形色块及描边效果的制作。效果如下图所示。

011 单击工具箱中的"文字工具"按钮,在画布中绘制文本框并输入对应的文字内容。执行"窗口 > 字符"命令,在弹出的"字符"面板中对其参数进行设置。

012 单击工具箱中的"文字工具"按钮,在画布中绘制文本框并输入对应的文字内容。执行"窗口 > 字符"命令,在弹出的"字符"面板中对其参数进行设置。

013 按照上述方式继续进行文字效果的制作。效果如下图所示。

014 按照上述方式继续进行文字效果的制作，并在"图层"面板中单击"添加图层样式"按钮，在弹出的下拉列表中选择"描边"选项，在弹出的"图层样式"对话框中对其参数进行设置后单击"确定"按钮。

015 单击工具箱中的"文字工具"按钮，在画布中绘制文本框并输入对应的文字内容。执行"窗口 > 字符"命令，在弹出的"字符"面板中对其参数进行设置。

016 按照上述方式继续进行文字效果的制作。效果如下图所示。

017 首先制作矩形色块，再通过"文字工具"的使用制作出下图所示的文字效果。效果如下图所示。

018 执行"文件 > 打开"命令，在弹出的"打开"对话框中选择"奶粉 素材.png"文件，双击将其导入到文档中，并调整其在画布上的位置。

019 执行"文件 > 打开"命令，在弹出的"打开"对话框中选择"勺子 素材.png"和"奶嘴 素材.png"文件，双击将其导入到文档中，并调整其在画布上的位置。

020 单击"图层"面板下方的"创建新的填充或者调整图层"按钮，在弹出的下拉列表中选择"色相 / 饱和度"选项，对其参数进行设置。

021 单击"图层"面板下方的"创建新的填充或者调整图层"按钮，在弹出的下拉列表中选择"曲线"选项，对其参数进行设置。

022 单击"图层"面板下方的"创建新的填充或者调整图层"按钮，在弹出的下拉列表中选择"色阶"选项，对其参数进行设置。最终效果如下图所示。

03 将调整后的照片上传至"图片空间"中，以便在装修的过程中可以随时调出来使用。通过"店铺管理＞图片空间"途径上传调整好的照片。效果如右图所示。

04 对店铺模板中的各个模块进行设置，包括文字的描述及参数的调整等。首先是店铺招牌的编辑，在店铺装修面板中将鼠标移至店铺招牌区域，单击"编辑"按钮，在弹出的"店铺招牌"对话框中，通过在图片空间中复制并粘贴链接的方式来添加店招的图片。除此之外，其他参数根据需要进行设置。效果如右图所示。

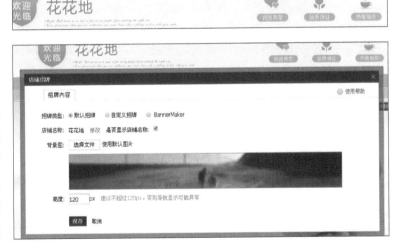

05 单击页面右上角的"预览"按钮，在对店铺装修效果检查无误的情况下进行确定。最
终效果如下图所示。

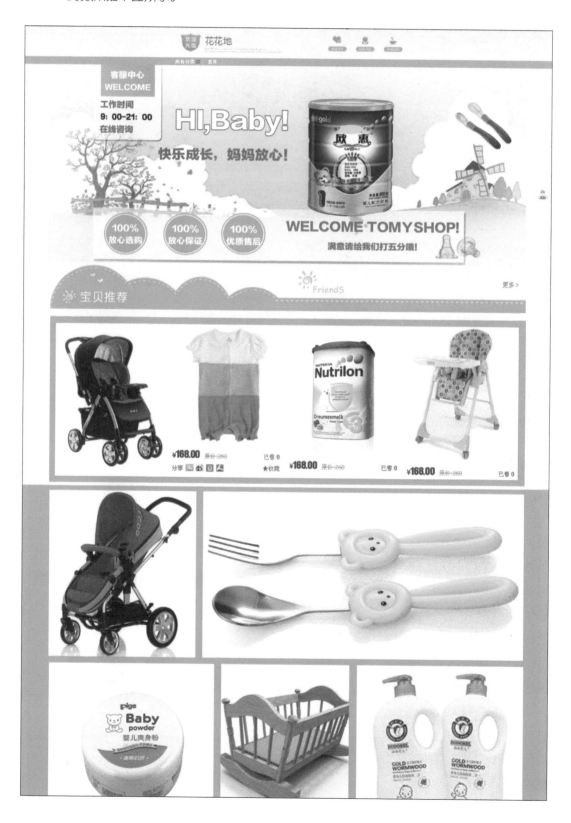